闪闪惹人爱

超人气 光疗美甲

日本靓丽出版社　编著

王剑娇　译

辽宁科学技术出版社

·沈阳·

目录

封面作品

美丽玫瑰董事。美丽玫瑰美甲学校代表。日本美甲师协会总部认定讲师。日本 Ibd（艾碧蒂）认定培训师。Bio Sculpture Gel（自然雕塑凝胶）认定高级教师。Calgel（卡洁尔）公认教师。在 2010 年 7 月举办的亚洲美甲节中获得全日本美甲师选手赛"光疗延长甲设计"冠军。

封面美甲
设计制作
出井由美小姐

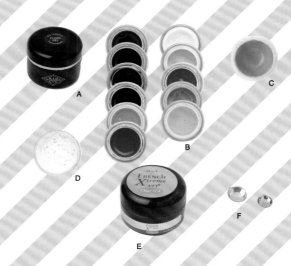

A：Bio Sculpture Gel（自然雕塑凝胶）（透明）　B：Rapi（瑞庇）彩色凝胶（001、006、010、011、012、013、014、015、021、074、111）　C：原创彩色凝胶（绿色）　D：亮片　E：ibd（艾碧蒂）法式极致凝胶　F：莱茵石

1

打磨指甲以后，粘贴半甲片，扫除粉尘。

2

在整个指甲上涂抹透明凝胶 A，放在紫外线灯下硬化。

3

用白色凝胶作底色，硬化。

4

薄薄地涂一层 A，用彩色凝胶 B 均匀地画出圆形。

5

用细笔画线，制作孔雀花纹，硬化。

6

用 B 和 C 的彩色凝胶描绘花朵、树和叶子，硬化。

7

薄薄地涂一层 A，镶嵌 D，硬化。用 E 封层，硬化。

8

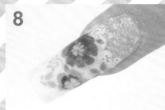

用指甲锉打磨指甲表面的轮廓。

9

在整个指甲上涂抹透明凝胶 E，硬化。

10

将莱茵石 F 随意地镶嵌到指甲上，完成。

何谓光疗美甲？

如今，光疗美甲已经成为美甲沙龙的主流项目。然而实际上有很大一部分人并不了解什么是光疗美甲！时下光疗美甲已经成为美甲师的一项必修课，我们将从基础开始教学。♥

美甲师
浦岛裕美

特征 1

拥有美妙的
光泽与透明感

光疗美甲最大的特征是拥有指甲油所没有的美妙光泽与透明感。只需要硬化 1 次，光泽感就可以长久保持。

特征 2

硬化后
可以马上触摸

凝胶通过紫外线（UV）灯照射硬化以后，可以马上触摸。省去了等待其干燥的过程，这一点让人非常高兴。

特征 3

没有异味

光疗美甲的原料——合成树脂凝胶几乎没有异味，这样一来原本担心水晶粉和指甲油异味的人群也可以安心使用了。

所谓光疗美甲

制作简单，去除轻松，价位合适是其积聚人气的三大秘诀♥

近几年来，光疗美甲已经成为美甲的主流项目。凝胶特有的晶莹剔透的光泽，显而易见的美妙效果是它的魅力所在，但是让其获得支持的最大理由却是其简便性！光疗美甲主要是通过紫外线灯照射硬化的，这就省去了像指甲油一样涂完后需要等待的过程。而且软凝胶可以通过专门的溶液轻松去除。光疗美甲制作方法非常简单，做好自然甲的准备工作以后，只需要涂上凝胶，然后在紫外线灯下照射硬化就可以了，不需要像水晶甲一样在制作过程中硬化，也不需要高难度的技术。本书将从头教起，即使是完全没有接触过的初学者也不用担心，因为我们会从基础入手，认真介绍。一直犹豫却不敢尝试自己制作光疗美甲的人群，可以通过这次机会，亲身尝试光疗美甲。

光疗自然甲

不增加指甲长度，在自然甲上涂抹凝胶的技法。做好自然甲的准备工作以后，涂抹凝胶，硬化。可以增强自然甲的硬度，推荐指甲比较脆弱的人群使用。

光疗半甲片

在指甲前端粘贴半甲片，延长指甲的技法。这一技法的魅力在于不使用硬凝胶也可以轻松延长指甲。如果采用白色的半甲片，就可以轻松做出法式美甲。

光疗延长甲

用凝胶制作自由边，延长指甲的技法。虽然非常喜欢凝胶的光泽度，但是又想做延长甲。对于这样的人群就可以采用光疗延长甲。

光疗美甲的种类

光疗美甲分为自然甲、半甲片、延长甲三种。首先我们来确认每个种类的特征。

软凝胶与硬凝胶的区别

凝胶分为可用专门的溶液卸除的软凝胶和拥有一定硬度的硬凝胶。马上来确认两者的区别吧。

软凝胶

最大的特点是可以通过专门的溶液轻松卸除。主要用于光疗自然甲。但是根据出产厂家不同，有的软凝胶也可用于延长指甲，要根据用途区分使用。

硬凝胶

拥有一定的强度，可以像水晶甲一样延长自然甲。最大的特征是多数都要通过指甲锉的打磨来卸除。根据出产厂家不同，也有可以用专门溶液卸除的商品。

基本过程

让我们来一起掌握光疗美甲的基本制作流程！在涂抹凝胶之前做好准备工作是成功的关键。

1 准备工作

用指甲锉轻轻打磨指甲表面，涂一层平衡剂，增加黏着性。

2 涂抹凝胶底油

在整个指甲上均匀地涂抹凝胶底油，硬化。通过涂抹凝胶底油，可以使后续的彩色凝胶着色更好，另外还可以防止自然甲上的色素沉淀。

3 涂抹彩色凝胶

涂上自己喜欢的颜色，进行硬化。

4 涂抹凝胶亮油

在整个指甲上均匀地涂抹凝胶亮油。通过涂抹凝胶亮油，可以展现整体的光泽度，另外也可以使美甲造型得到长久保持。

5 擦掉未硬化的凝胶

用蘸有凝胶清除剂的擦拭纸或者棉花擦掉未完全硬化的凝胶，完成。

注：如果要采用彩绘艺术，镶嵌钻石等均在此时实施。

准备必要的道具

为大家介绍制作光疗美甲时必备的道具，
选择适合自己的道具，尽情地享受光疗美甲带来的乐趣吧！

基本道具

制作光疗美甲需要各种各样的道具。了解各种道具的名称以及使用方法，才能将光疗美甲做到极致。

指甲锉与抛光条

调整指甲形状，打磨指甲以提高自然甲与凝胶之间的密着性。（将这一系列的前期准备过程叫做前期准备）

凝胶刷

涂抹凝胶时使用的刷子。根据用途不同有各种形状，有专门用于制作凝胶艺术的细笔，也有专门描画法式的凝胶刷等。

营养油

涂在指甲及指甲周围，是防止指甲干燥的专用营养油。里面含有指甲生长所需的营养成分。

小木棒

木质的小棒子，可以随自己的喜好将前端削为各种形状。可以用来进行上推死皮，修正溢出的凝胶，镶嵌水钻等精细操作。

擦拭纸

用来擦掉未硬化的凝胶，蘸取凝胶清除剂使用。

彩色凝胶

物如其名，是有颜色的凝胶。有绚丽多彩的颜色，也有掺入闪粉的颜色，也可以将多个颜色混合在一起做出原创颜色。

凝胶清除剂

用于擦拭紫外线灯照射硬化以后仍未完全硬化的凝胶，需要用棉花或者擦拭纸蘸取凝胶清除剂进行擦拭。

水晶钳

切割人工甲片的专用工具。在卸除水晶甲和光疗甲时，主要用于切割自由边。

平衡剂

增强自然甲与凝胶之间密着性的一种基础溶剂。

纸托

在制作光疗人工甲时起到基台作用的贴纸。

凝胶底油与凝胶亮油

作为底油、亮油使用的凝胶。凝胶底油主要用来提高自然甲与凝胶的密着性，而凝胶亮油可以赋予指甲玻璃般透明的光泽感。

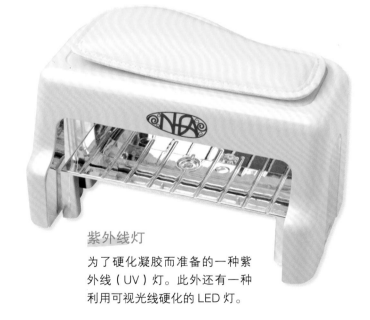

紫外线灯

为了硬化凝胶而准备的一种紫外线（UV）灯。此外还有一种利用可视光线硬化的LED灯。

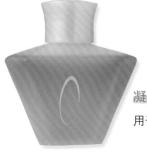

凝胶卸除剂

用于卸除可卸凝胶的溶液。

透明凝胶

无色透明的凝胶。有些可以作为凝胶底油和凝胶亮油使用，也可以混合颜料、闪粉使用。

光疗美甲 基础课程 3

一览表

凝胶品牌推荐

美甲先锋编辑部此次将公开一些非常优秀的凝胶制造商。您可以多多尝试，找出自己喜欢的那一家。♥

Angel（天使）

Nail For All（人人美甲）是一家可以用意想不到的价格购买到从人气品牌商品到专业供应物品的美甲用品邮购店。丰富的货源和众多渐变色凝胶商品非常受欢迎。

Angel Builder Clear

持久性非常好，是一款专门用于基础准备的凝胶。由于粘度非常高，适合自然甲很长或者制作延长甲的情况下使用。在镶嵌水钻和大配饰时也非常方便，是万能凝胶。

ICE GEL（冰雪凝胶）

ICE GEL（冰雪凝胶），是可以帮助美甲师实现美好理想的完美凝胶。它的效率更高，可以更迅速地完成美甲，拥有无法超越的性价比。另外一定请您体验此款凝胶超群地着色效果。

ICE GEL 透明凝胶

主要用于制作人工甲，可以用指甲夹调整形状。在拥有柔软性的同时也拥有有理想的强度。有 UV·LED 灯照射硬化和紫外线灯照射硬化两种类型。

Airlicious（空美）

软凝胶的功能性与喷绘艺术的美丽完美结合，是提倡新价值的新时代凝胶品牌。不需要一一准备各色凝胶，可以利用喷枪创造出无限大的可能性。

Airlicious 无色凝胶

不需要打磨指甲，可以直接用喷枪喷绘出设计款式，因此 2/3 的作品可以完美展现理想的效果。同时大大地缩短了操作时间。

Calgel（卡洁尔）

Calgel（卡洁尔）为了保证技术一流，规定只有通过美甲课程的人才能使用，是让人放心的光疗美甲系统。无论是对于今后想在美甲沙龙登台亮相的人来讲，还是对仅凭爱好学习美甲的人来讲，都准备了一套让人放心的讲习制度，全程课程由 MOGA·BROOK 公认的 Calgel（卡洁尔）教师认真指导。

Calgel 透明凝胶

Calgel 拥有超群的固定性，另外轻薄自然的效果也是它的魅力所在。将对指甲的损害降低到最低限度，可以长久享受美丽指甲带来的乐趣。（是对自然甲非常有益的凝胶系列）

---

ibd（艾碧蒂）

创立于 1970 年，现在已经得到全世界超过 70 个国家的专业美甲师的普遍认可，另外，它的商品横跨硬质凝胶、可卸凝胶、丙烯、胶水等广泛领域，作为一款综合性的美甲品牌正在飞速的发展着。

ibd 透明凝胶

可以作为凝胶底油和凝胶亮油使用，能够释放出如同玻璃般亮泽的光辉，同时拥有超群的持久性。成本比可卸凝胶的一半价格还要低，可以卸除，同时将对指甲的伤害控制在最低限度。

eternal basic（永恒）

集合了所有有关美甲的商品，在日本工厂加工生产，是有实力向顾客推荐优质产品的制造商。在追求颜色质感的基础上开发商品。

eternal basic 透明凝胶

质地非常柔软，即使对于初学者，操作起来也很简单。可以毫无缝隙地紧贴在指甲上，同时可以在最小限度打磨指甲的基础上操作美甲。

Q-GEL（润凝胶）

良好的着色效果和强大的彩色凝胶阵容是此品牌的特征。所有凝胶都有恰当的测评标准，商品都可以在美甲沙龙使用，突出了着色效果和光泽度。

Q-GEL 透明凝胶与彩色凝胶

此款产品的魅力在于特定的水准和光泽度。拥有哑光、珠光、闪粉等丰富多彩的渐变色，以及既可用作底油，又可用作亮油的透明凝胶。

AMGEL（奕香）

AMGEL（奕香）品牌严格使用精挑细选的材料，作为日本本土生产的产品在追求高品质的同时实现了低成本生产。其彩色凝胶和凝胶亮油可以全部硬化，是一种不需要擦试未硬化凝胶的特别的可卸凝胶。由于其 74 种多彩的颜色和不易形成斑驳的特性获得了一致好评。

AMGEL 凝胶底油

操作性良好，非常柔软，是可以用来延长指甲（大概可以延长甲床 1/2 的长度）的凝胶底油。既可以与指甲完美融合，卸除过程也非常简单。（会出现未硬化的凝胶）

Presto（乐章）

应用齿科技术，融合美甲技术制作出的 LED 快速硬化系列产品。与原来的紫外线灯有所不同，采用高能量的 LED 灯，经过 5 秒的临时硬化，最终硬化可以在 20 秒的时间内实现。

Presto 无色凝胶

由于凝胶的素材同时也可应用于齿科技术，所以安全性很高。日本生产制作，品质管理非常严格彻底。最大的特点是不需要搅拌，打开凝胶的盖子以后，就可以直接使用。

GRACIA GEL（格雷西亚）

GRACIA GEL（格雷西亚）作为追求"美"的综合美甲品牌，从日本、韩国市场出发，致力于成为领跑世界美甲产业的企业。另外为了负起今后美甲产业发展的重担，也在积极开发新商品、培养美甲师。

Flecible 透明凝胶

作为底油使用的凝胶，购买方便，拥有柔软性，硬度很强，所以做好以后不容易脱落。虽然是软凝胶，但却拥有硬凝胶的硬度和光泽。

Hand&Nail Harmony（美手靓甲）

"Hand&Nail Harmony（美手靓甲）"是 nails unique 的代表水野义夫与丹尼尔氏共同开发的品牌，此品牌商品既可用于沙龙工作，也可用于美甲竞赛，是品质一流的专业产品。

Hand&Nail HarmonyGelish

Gelish 与指甲油类似，涂抹方便，可以长久保持美丽的光泽和着色效果。可以同时用 LED 灯和紫外线灯照射硬化，颜料与闪粉分离，不会形成沉淀，无需使用刮刀。

Tammy Taylor（泰咪·泰勒）

Tammy Taylor（泰咪·泰勒）在美甲方面，一切以顾客至上为准则，致力于生产出安全无负担的产品。另外，技术人员可以第一时间提供高端技术，为沙龙工作的顺利展开提供了必要的产品。

Tammy Taylor Soak-Off Nail Gel

透明凝胶的性能非常好，可以将指甲延长 1 厘米。它是集凝胶底油、延长凝胶、凝胶亮油功能于一身的，操作非常简单的产品。

Christrio（克里斯三重奏）

兼有软凝胶、硬凝胶的凝胶品牌。可以根据顾客的需求区分使用，也可以组合使用。是考虑到沙龙工作重要性而开发的产品，使用简洁，光泽度超群。

Gelacguen Builder Clear

与自然甲完美融合，卸除起来非常简单，同时也可用来延长自然甲。用纸托可以延长 5 毫米，用半甲片可以延长 7 毫米。虽然是专业美甲商品但是价格公道，凸显出了商品的魅力。

Bella Forma（贝拉福马）

刺激性低的凝胶 Bella Forma，将卸除凝胶的时间缩短至约 5 分钟！使用奇迹溶液，可以轻松地做出渐变、法式效果。该品牌学院正在建设当中。

Bella Farma Crystal 透明凝胶

可以作为凝胶底油、凝胶亮油、人造甲使用的艳丽多姿的含珠凝胶。通过调整厚度，可以自由控制软硬度。最适合制作 1 厘米长的延长甲。

Natural Nail（自然凝胶）

年轻的设计师们开发出了低过敏性凝胶以及水晶粉，为了让美甲沙龙更好地发展，其生产出的商品具有合理性、时尚性，产品系列也非常丰富。为了能够熟练运用此品牌商品还提供有教学组织，总之一切以美甲师为出发点。

Natural Nail Gel Mani-Q

Mani-Q 是为了最大程度满足美甲师在沙龙的工作而开发的商品。可以偷懒，具有高性能。正是这一种商品就可以凸显光泽与厚度，与 Synergy Nail 的相容性也很高。

Sunshine Babe（阳光宝贝）

是采用日本高端技术制作，不会对指甲造成负担的划时代性产品，是可以延长指甲，同时又可卸的硬凝胶。不会发黄暗淡，光泽度与透明度超群。另外质地柔软，可以长久保持良好效果。

Sweet Sunshine 凝胶底油

实现美甲师愿望，硬化迅速（30 秒）的新时代凝胶闪亮登场。商品注重稳定性，不用担心凝胶会萎缩，是追求完美效果的凝胶底油。

Melty Gel（梅露蒂凝胶）

在自然效果方面 Melyt Gel（梅露蒂凝胶）当仁不让地排在前列。所有的美甲产品都由公司自行研发制造，为消费者提供质量过硬的原创商品。具体内容请参考公司网页。

Melty Gel 透明凝胶

可以作为凝胶底油和凝胶亮油使用。让您在合理价格范围内享受美甲带来的乐趣。如果您不想对指甲造成伤害，那就要选择这一款。质地柔软，透明度高，可以保持 2~3 周。

Nailit！（靓甲）

无论对于专业人员还是初学者，操作都非常方便。可以将打磨指甲的工作量控制在最小限度，尽量避免损伤指甲。购买方便、可以用 LED 灯硬化、拥有丰富的色彩，都是它的魅力之处。

Nailit！可卸凝胶／透明

质地柔软，与自然甲完美匹配，不会对自然甲造成负担，并且效果保持时间长久，粘度适中，即使对于初学者也很容易上手。拥有 40 多款着色效果极佳的颜色。

CND（瑰婷）

CND（瑰婷）设立于 1979 年，以美国为生产根据地的专业凝胶公司，在手护、脚护产品方面全球领先。重视研究、培训，为美甲产业的发展作出了重大贡献。

Brisa 彩色凝胶

由于"Brisa"硬凝胶拥有高亮度、高强度，可以做出既薄又长的人工甲。又由于其拥有种类繁多的指甲夹和白色凝胶，所以任谁都可以找到符合自己的款式。另外鲜亮的颜色是其另一显著特征。

Rapi Gel（瑞庇凝胶）

固定性良好的凝胶底油和闪亮、可以长久保持并广受好评的凝胶亮油是其最受欢迎的产品。拥有 93 种颜色之多，可以制作多种多样的美甲造型，着色效果超群，不会出现萎缩，仅需要 1 分钟的硬化时间。与以往不同，Rapi Gel（瑞庇凝胶）现在开始开展沙龙工作了。

Rapi Gel

着色效果在业界中处于领先水平。可以在 60 秒内迅速硬化，不容易出现萎缩、溢流现象。可以做出精细美妙的光疗艺术美甲。

Bio Sculpture Gel（自然雕塑凝胶）

Bio Sculpture Gel（自然雕塑凝胶）的魅力在于可以长久保持自然效果。通过结合 4 种基本凝胶可以得到适合每个人的产品。拥有丰富的颜色，透明感极佳，可以做出精细的造型。

Bio Sculpture Gel 透明凝胶

质地柔软，与自然甲完美结合的透明凝胶。不容易出现断层，可以做出自然轻薄的效果，让我们享受到如同自然甲般通透自然的效果。

SHINY GEL（闪亮凝胶）

高品质的产品价格却低廉。公司从这样的理念出发，注重商品的原料和成分，是少数实现了完全日本产的商品。从 2007 年开始同时在网上和直营店销售，获得了使用者的一致好评。

SHINY GEL

SHINY GEL 克服了可卸凝胶在"光泽度和强度"上的难点，研发出了非常接近于硬凝胶的产品，硬度在同类产品中处于领先地位，可以持久保持光泽度的产品。从原料到制造完全实现日本化。

Le Chat（黑猫）

Le Chat（黑猫）是受世界上 30 多个国家美甲师喜爱的美国老字号品牌。Le Chat 公司的宗旨是提供顾客使用更加方便的产品。

NOBILTY

NOBILTY 是可卸凝胶，同时拥有硬凝胶的硬度，可用来延长指甲，这是其最显著的特征。一瓶 NOBILTY 既可来做光疗自然甲，也可以做光疗延长甲。

Para Gel（帕拉凝胶）

Para Gel（帕拉凝胶）在质量、安全、快干、环保、技术方面都处于领先地位。满足了广大顾客的需求，从美甲师的观点出发开发产品。通过沙龙和美甲，为所有女性提供美的支持。

Para Gel

密着性高，不需要打磨指甲。通过 LED 灯可以实现 30 秒迅速硬化。轻薄透明，性能高，拥有超群的操作性。

Jewely Gel

Jewely Gel（珠宝凝胶）以安心、安全为宗旨，由药学博士、工学博士小组领衔，遵循 7 个方针开发。为顾客提供安全的商品是该公司一直遵循的原则。

Jewely Gel

对初学者来讲，涂抹方便，透明度强，长久保持，而且可以轻松卸除。无香料添加。可用于光疗自然甲和光疗半甲片的透明凝胶。

光疗美甲基础课程4

让我们来做美甲前的准备工作

这里将为大家公开专业美甲师使用的工具。为了使工具更干净使用寿命更长，让我们来学习专业美甲师的收纳技术，马上就来实践吧！

推荐使用防硬化的小盒子

经紫外线照射会硬化的凝胶，其保管原则是要放在阳光无法直射的地方。即使这样，仍然会有一小部分凝胶会固化，如果担心此种情况，可以将凝胶放在黑色的盒子中。黑色可以吸收紫外线，这样就可以有效避免凝胶硬化。

粘贴名称签

为了分辨分装小容器中装入的是哪种液体，需要粘贴名称签。尽量避免混淆容器中的液体。

桌面准备的关键点

1 同类东西放在同一位置

彩色凝胶和指甲锉等同类道具要集中放在同一位置。

2 经常使用的东西放在手边

笔刷、凝胶、指甲锉等频繁使用的道具要放在手边，以方便使用。

3 棉花在保存前要清理干净

将棉花放在贴有标签的盒子中，防止沾染灰尘变脏。

4 小件物品要集中放在容器中

为了操作起来更简单，可以将小件物品整理到一个盒子中。

向学习光疗美甲的人士推荐专业产品

为练习光疗美甲的人士推荐这款专业产品。涂在指甲上很容易剥落，这样就不用担心会对指甲造成伤害。有了这样的产品就可以随心所欲地练习了。

美甲师推荐的棉花保管盒

无论是擦去未硬化的凝胶还是卸除凝胶，棉花都是必不可少的工具。由于是频繁使用的物品，如果放在购买时装的盒子中，使用起来会很不方便。可以放在如图片所示的从下面抽取棉花的盒子中。这样既不会使棉花变脏，又方便随时抽取使用。

制作小棉棒

在擦拭指甲周围粘上的指甲油和凝胶时，如果使用在小木棒上缠绕棉花而成的棉棒将会十分方便。为了便于使用，事先准备一些小棉棒吧。（棉棒的制作方法请参考P19）

选择兼具功能性与设计性的工具☆

使用外形可爱的工具可以让心情也随之愉悦，但是在选择可爱东西的基础上也一定要确认其功能性。向大家推荐下面这两款使用起来非常方便的工具。♥

笔帽
为了避免笔尖变干，一定要盖上笔帽。如果使用镶有水钻的漂亮笔帽，会使美甲过程变得更加愉悦。

刮刀
有了用来搅拌凝胶的刮刀，将会为光疗美甲增添很多便利。

开始美甲之前需要准备的两个工具

想要做出漂亮的美甲，准确掌握凝胶笔的使用方法是必需的，同时凝胶笔的选择也是非常重要的。虽然市面上销售的种类很多，但首先需要准备这两款。

细笔
笔尖极细，推荐用于艺术美甲。初学者如果使用此种笔刷涂抹指缘皮周围，就可以避免涂到外面，做出非常漂亮的效果。

平笔
笔尖为平的，是最普通的形状。从涂颜色，到法式美甲，再到延长甲，所有项目中都可以使用。根据笔刷的厚度与毛量的不同，使用的感觉也会不同，请选择适合自己的一款。

进行光疗美甲之前

进行光疗美甲之前，在自然甲上做的准备工作叫做前期准备。如果不做前期准备，凝胶将会很容易脱落，形成斑驳。认真做好前期准备，是做出漂亮光疗甲的关键。

确认指甲各部分名称

黄线
自然甲的自由边与甲床之间的分界线。

指缘皮（死皮）
皮肤与指甲分界处的薄皮。

承压点
自由边与甲床分界线的两侧，这里是指甲最容易龟裂的地方。

指甲
一般被称为指甲的最主要的部分。

甲床
指甲的基台部分。

自由边
指甲当中远离甲床的部分，即从黄线到指尖的部分。

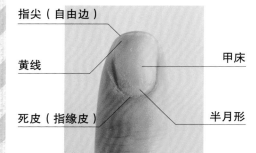

指尖（自由边）

黄线

死皮（指缘皮）

甲床

半月形

美甲基础用语

让我们来确认光疗美甲过程中需要牢记的基础用语。

水晶延长甲
用水晶液和水晶雕花粉反应所得的混合雕花粉制作形成的人工甲。

水晶雕花粉
主要原料为丙烯树脂，与水晶液反应形成混合雕花粉。

水晶液
丙烯树脂液体，与水晶雕花粉反应形成混合雕花粉。

临时硬化
在涂抹凝胶亮油之前进行的所有硬化过程都叫做临时硬化。

格目（G）
表示指甲锉粗细的单位，数字越小，指甲锉越粗。

打磨
在安装人工甲之前，为了增加密着性而在指甲表面磨擦的过程叫做打磨。

C 字弧度
从正面看指甲前端呈圆形就叫做 C 字弧度。

延长甲
用水晶或者凝胶制作成的人工延长甲的总称。

微笑线
法式美甲的基准线，即自由边与甲床之间的分界线。

自动平衡机能
涂上凝胶经过数秒以后，表面自然变光滑的性能。

气泡
搅拌凝胶过度就会出现气泡，此种现象是凝胶当中混入了空气。

上推
上推指缘皮的过程。

光疗自然甲
在自然甲上涂抹丙烯或者凝胶，增强指甲强度的技法。

前期准备
在做人工甲之前，为了增强凝胶与自然甲之间的密着性而在自然甲上做的准备就叫做前期准备。

起翘
人工甲在一段时间后从自然甲上浮起的现象。

修复
全面修复指甲的过程。

材料

A：棉花　　　　B：消毒液（酒精）

C：指甲锉　　　D：抛光锉

E：钢制指皮推　F：陶制指皮推

G：擦拭纸　　　H：平衡剂

让我们一起来做前期准备！

涂抹凝胶之前在自然甲上做的前期准备，是增强自然甲与凝胶密着性的必不可少的过程。如果忽略了这一过程，凝胶就很容易剥落，甲面也很容易出现凹凸不平的情况，需要谨慎对待。

过程

1 对手指进行消毒
用含消毒液的棉花对手指进行消毒。

2 调整甲形
用指甲锉调整自然甲的长度。

3 上推指缘皮
用指皮推上推指缘皮。

4 清除死皮
清除用指皮推推上去的死皮。

5 打磨指甲
用指甲锉打磨指甲表面。

6 清除粉尘
用刷子或者擦拭纸清除粉尘。

7 涂抹平衡剂
涂抹平衡剂，去除指甲表面的油分。

开始！

没有做前期准备的状态。指甲整体出现纵纹，指面凹凸不平，指缘有很多死皮。

拿指甲锉的方法

用大拇指和食指拿指甲锉，其他手指贴着食指握好指甲锉。注意不要握得太紧。

1 对手指消毒

对手指消毒
用棉花蘸取消毒液，仔细地擦拭手掌和手指。

2 调整甲形

调整指甲长度
将指甲锉与指甲前端呈直角，按照一定的方向打磨。

调整指甲形状
将指甲锉与指甲呈斜角，按照一定方向打磨掉指甲的棱角。

选择喜欢的甲形 **要点！**

上面照片当中的指甲形状是方圆形。还有自由边呈圆形或椭圆形等各种各样的形状，可以根据自己的喜好进行选择。

圆形
两侧为直线形，指尖为圆形的弧状指甲。

尖形
将椭圆形的两侧进一步打磨，使指尖呈尖形的形状。

椭圆形
从指甲两侧到前端呈圆形的形状。

方形
指甲前端与两侧呈直角的形状。

方圆形
指甲前端与两侧呈直角，稍微将前端角度削圆的形状。

3 上推指缘皮

上推指缘皮
用钢制指皮推将指缘皮推上去。

上推侧面指缘皮
按照指甲生长的方向，用钢制指皮推倾斜上推指缘皮。

清除死皮
使用钢制指皮推的另一端，将上推的死皮清除掉。

剪掉倒刺
用指甲钳剪掉倒刺，注意不要剪太多。

初学者请选用陶制指皮推

由于钢制指皮推很容易对指甲表面造成损伤，所以推荐初学者使用陶制指皮推。即使是陶制指皮推，也要注意不要对指甲表面造成损伤。

4 打磨指甲

软凝胶的情况

打磨指甲中央
用 220G 的指甲锉打磨指甲中央。

打磨指甲周围
用 180G 的指甲锉打磨指甲周围。

硬凝胶的情况

打磨整个指甲
用 180G 的指甲锉打磨整个指甲。

5 清除粉尘

清除粉尘
用擦拭纸在指甲上打圈儿擦拭，清除掉粉尘。

刷子也可以

在清除粉尘的时候也可以用刷子等工具。另外，也可以用湿润的纱布擦拭。

6 涂抹平衡剂

涂抹平衡剂
将平衡剂均匀涂满整个指甲。

完成

自然甲的前期准备就完成了。

浪花

选择甲片

选择蓝色甲油胶

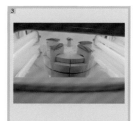

涂甲油胶颜色，照灯30秒

取出甲片，用金色丙烯画出线条

选择金色甲油胶

覆盖蓝金色在内侧的线条上

照灯30秒

选择黑色的甲油胶

描边

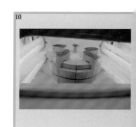

照灯5秒

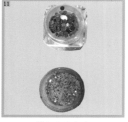

选择大小亮片

选择封层

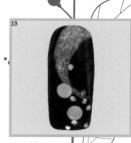

上第一次封层，继而均匀
点缀亮片

照灯5秒

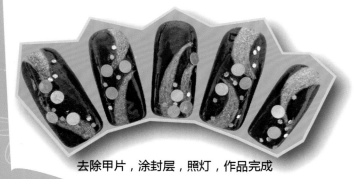

去除甲片，涂封层，照灯，作品完成

白云(Bai Yun)

白云(Bai Yun)
国家认证高级美甲师
进巍美甲全科班高级讲师
进巍美甲考前辅导班高级讲师
进巍美甲下店督导老师
国家认证高级电务管理师
有丰富的实操管理经验
精通：水晶，光疗，雕花
分别在《时尚美甲》《美甲视界》等杂志发表作品

光疗美甲

基础技术 *1、2*

从最基础的彩色凝胶的涂抹方法，到简单的光疗造型，在此都会一一介绍。让我们以掌握基础，灵活使用光疗美甲技术为努力的方向。

技术 *1*

介绍不可或缺的光疗自然甲、光疗人工甲等技术的基础操作过程。

技术 *2*

掌握涂抹彩色凝胶时不出现斑驳、做出美丽效果的方法。根据颜色分别介绍攻略和方法。

牢记基础操作流程

做好自然甲的前期准备以后，就要开始涂抹凝胶了。
小心涂抹时不要产生斑驳。

光疗自然甲

初学者首先需要挑战光疗自然甲。所以一定要掌控握笔刷的使用方法，以及均匀涂抹凝胶的诀窍。

操作过程

1 涂抹凝胶底油

在整个指甲上均匀地涂抹凝胶底油，放在紫外线灯下进行临时硬化。

2 涂抹彩色凝胶

涂抹自己喜欢的颜色，临时硬化。

3 涂抹凝胶亮油

在整个指甲上均匀涂抹凝胶亮油，硬化。

4 擦拭未硬化的凝胶

仔细擦掉未完全硬化的凝胶。

5 涂抹营养油

涂抹营养油，充分吸收以后就完成了。

材料

彩色凝胶

刷子（平笔、细笔）

小木棒

平衡剂

凝胶清除剂

---

1 涂抹凝胶底油

从指甲中央向指尖方向涂抹
按照从指甲中央到指尖的方向，均匀地涂抹凝胶底油。

注意凝胶的使用量
一次的蘸取量为没过笔刷1/3 合适。如果用整个笔刷蘸取凝胶，就会在涂抹凝胶的过程中出现凝胶流出的现象，需要注意。

从指甲根部向指尖方向涂抹
按照从指根到指尖的方向，均匀地涂抹凝胶底油，进行临时硬化。

进行临时硬化
彩色凝胶会在凝胶底油仍有黏度时与其完美融合，所以不需要完全硬化。如果不涂抹凝胶底油彩色凝胶不容易固定，所以涂抹凝胶底油是一个必不可少的工序。

2 涂抹彩色凝胶

搅拌彩色凝胶
充分搅拌彩色凝胶，同时要注意不能混入空气。

使用前务必进行搅拌
彩色凝胶是透明凝胶与颜料混合制成的，所以以颜料多会沉到容器底部。使用前充分搅拌，是避免涂抹时出现斑驳，做出美丽效果的关键所在。

从指甲中央向指尖方向涂抹
按照从指甲中央到指尖的方向，均匀地涂抹彩色凝胶。

涂抹自由边
在自由边上涂抹彩色凝胶。

涂抹的诀窍在于从上向下
涂抹自由边时，如果从上向下移动笔刷将会非常简单。相反如果从下向上移动笔刷会使凝胶残留到指尖部位，是错误的。

涂抹整个指甲
避开指缘皮周围，在整个指甲上涂抹彩色凝胶。

涂抹侧边
用细笔涂抹指甲侧边，注意不要涂到皮肤上。

推荐给初学者的非公开技巧
指甲侧边以及指缘皮周围等非常细微的地方，使用细笔涂抹就可以做出漂亮的效果。

---> **3 涂抹凝胶亮油** → **4 擦拭未硬化的凝胶** → **5 涂抹营养油**

调整侧边
用小木棒擦掉溢出来的彩色凝胶。

涂抹凝胶亮油
在整个指甲上均匀涂抹凝胶亮油，硬化。

擦拭未硬化的凝胶
用擦拭纸蘸取凝胶清除剂，擦拭未完全硬化的凝胶。

涂抹营养油
在指甲根部涂抹营养油，使其充分吸收。

没有斑驳、晶莹剔透的光疗自然甲就完成了。

完 成

也可以使用棉花
如果没有擦拭纸的话可以用棉花代替。但是，需要用棉花蘸取足量的凝胶清除剂，否则棉絮就会粘到指甲上。

修复与卸除

让我们来一起掌握制作光疗自然甲的软凝胶的修复和卸除方法。软凝胶可以用专门的凝胶去除液卸除。

 彩色凝胶　 凝胶清除剂

 指甲锉　 营养油

材料

修复

钢推棒　铝箔

凝胶清除剂　指皮推

棉花　营养油

材料

卸除

① 打磨指甲表面
用指甲锉轻轻打磨指甲表面，使其变得粗糙。

② 补充凝胶
在自然甲上补充凝胶底油、彩色凝胶，临时硬化。

① 打磨指甲表面
用指甲锉轻轻打磨指甲表面，使其变得粗糙。

② 用铝箔包裹
用棉花蘸取专门的溶液，覆盖在指甲上，并用铝箔包裹。放置 10~20 分钟。

将段坡磨平
指甲根部新长出的指甲与凝胶之间会出现段坡，用指甲锉将段坡磨平才能做出完美的效果。

紧密结合
如果有空气进入溶液，溶液就无法渗透到凝胶中，因此要完全密封。另外，如果用指皮推无法卸除时不能勉强卸除，要再次用溶液浸泡。

③ 涂抹凝胶亮油
在整个指甲上涂抹凝胶亮油，硬化。

④ 涂抹营养油
擦拭未硬化的凝胶，在指甲根部涂抹营养油，使其充分吸收。

③ 卸除凝胶
当凝胶变柔软时，用指皮推卸除掉。

④ 涂抹营养油
在指甲根部涂抹营养油，使其充分吸收。

光疗延长甲

如果你喜欢长指甲，那就马上来挑战光疗延长甲吧！

操作过程

1 安装纸托
做好自然甲的前期准备以后，安装纸托。

2 涂抹凝胶底油
在甲床上均匀地涂抹凝胶底油。

3 制作自由边
在指尖部位放置足量的凝胶底油，制作自由边。

4 佩戴指甲夹
戴上指甲夹，并按压承压点，做出C字弧度。

5 擦拭未硬化的凝胶
用蘸取了凝胶清除剂的擦拭纸擦掉未完全硬化的凝胶。

6 涂抹营养油
在指甲根部涂抹营养油，延展开来使其充分吸收。

材料

平衡剂

纸托

擦拭纸

凝胶清除剂

营养油

指甲锉

笔刷（平笔）

1 涂抹凝胶底油

切割纸托
配合黄线，切割纸托。

安装纸托
配合黄线，安装纸托。

2 安装纸托

涂抹凝胶底油
在甲床上均匀地涂抹凝胶底油。

注意不能出现缝隙

如果纸托与自然甲之间存有缝隙，凝胶就会流出，因此要配合黄线，认真安装纸托。如果纸托切割太多，就容易出现缝隙，需要注意。

OK

NG

纸托与自然甲之间没有缝隙，纸托安装得恰到好处。

纸托与自然甲之间存有缝隙。

3 制作自由边

制作自由边
在黄线处放置足量的凝胶底油，制作自由边。

调整侧边
调整侧边线，硬化。

4 配戴指甲夹

配戴指甲夹
按压承压点，做出C字弧度。

5 擦拭未硬化的凝胶

擦拭未硬化的凝胶
取下纸托，用擦拭纸擦掉未完全硬化的凝胶。

笔刷的使用方法是关键所在

做指尖时要将笔放平横向移动。调整自由边侧边时，要用笔的一角，从指甲中央向指尖方向纵向移动。但如果动作太大，凝胶会流散。

6 涂抹营养油 - - - - - - - - ->

擦去未硬化的凝胶②
擦拭自由边内侧的凝胶时，使用小棉棒仔细擦拭。

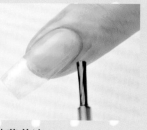

涂抹营养油
在指甲根部涂抹营养油，延展开来使其充分吸收。

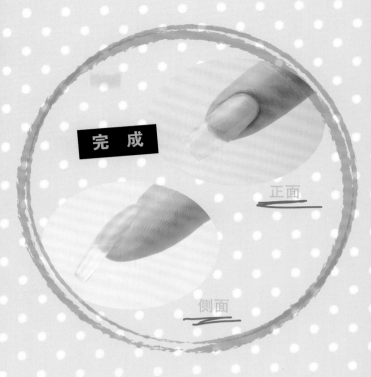

完 成

正面

侧面

小棉棒的制作方法

① 取适量棉花。

② 缠绕在小木棒上。

修复与卸除

用于光疗延长甲的硬凝胶的卸除方法与可卸凝胶不同，需要格外注意。

材料

 平衡剂　 营养油

 纸托　　 指甲锉

 擦拭纸　　笔刷（平笔）

修复

材料

 指甲钳

 营养油　　 指甲锉

卸除

① 打磨指甲表面
用指甲锉轻轻打磨指甲表面，使其变得粗糙。

> **将段坡磨光滑**
> 先将起翘的部分用指甲锉磨平，消除段坡，然后再打磨整个指甲表面的话，涂出来效果就会非常自然。

② 涂抹平衡剂
用粉尘刷扫掉粉尘，均匀地涂一层平衡剂。

① 剪掉自由边
用指甲钳剪掉自由边。

> **小心不要打磨过度**
> 过度打磨凝胶，是自然甲受伤的主要原因之一。打磨到凝胶剩下薄薄的一层就可以了。

② 用指甲锉调整指甲形状
用指甲锉打磨指甲前端，调整自由边的形状。

③ 补充涂抹凝胶
在自然甲的部分涂抹凝胶底油，硬化。在整个指甲上涂抹凝胶亮油，硬化。

④ 涂抹营养油
擦去未硬化的凝胶，在指甲根部涂抹营养油，延展开来使其充分吸收。

③ 打磨指甲表面
用指甲锉打磨凝胶，小心不要伤到自然甲。

④ 对指甲表面进行抛光
用抛光条打磨指甲表面，在指甲根部涂抹营养油，延展开来使其充分吸收。

使用与自然甲一样透明的半甲片可以做出自然的长指甲，同时也可以在上面涂抹颜色或者制作造型。

操作过程

1 安装半甲片
做好自然甲的前期准备后，配合黄线安装半甲片。

2 涂抹凝胶底油
在甲床上涂抹凝胶底油，临时硬化。

3 涂抹凝胶亮油
在整个指甲上均匀地涂抹凝胶亮油，硬化。

4 涂抹营养油
擦去未硬化的凝胶，在指甲根部涂抹营养油，延展开来使其充分吸收。

材料

透明甲片　胶水

营养油

指甲锉　平衡剂

笔刷（平笔）　擦拭纸

甲片切割刀

1 安装半甲片

在半甲片上涂上胶水
在半甲片的内侧涂上胶水。

安装半甲片
做好自然甲的前期准备以后，配合黄线，安装半甲片。

紧实半甲片
按压黄线点，使半甲片紧密贴合自然甲。

2 涂抹凝胶底油

切割半甲片
根据自己的喜好，用甲片切割刀裁剪半甲片。

打磨指甲表面和前端
用指甲锉调整半甲片的形状，打磨半甲片表面，使其变得粗糙。

涂抹平衡剂
在自然甲的部分涂抹平衡剂。

涂抹凝胶底油
在甲床上涂抹凝胶底油，临时硬化。再涂一遍，临时硬化。

半甲片的截面图

切割后的截面图是这种样子。如果一次性切割很容易龟裂，所以要分几次切割。

制作最高点

将手指翻转过来，保持数秒以后，在凝胶的自动平衡机能作用下，会自然形成最高点。

3 涂抹凝胶亮油 → 4 涂抹营养油

涂抹凝胶亮油
在整个指甲上均匀涂抹凝胶亮油，硬化。

涂抹营养油
擦去未硬化的凝胶，在指甲根部涂抹营养油，延展开来使其充分得到吸收。

正面

侧面

完成

半甲片
法式

有了法式半甲片，本来很难操作的光疗法式美甲也变得很轻松。

1 安装半甲片

做好自然甲的前期准备后，配合黄线安装半甲片。

2 涂抹凝胶底油

在甲床上涂抹凝胶底油，硬化。

3 涂抹营养油

擦去未硬化的凝胶，在指甲根部涂抹营养油，延展开来使其充分吸收。

材料

法式半甲片

胶水

营养油

平衡剂

指甲锉

擦拭纸

笔刷
（平笔）

---

1 安装半甲片

找出合适的半甲片

根据黄线，找出与自然甲吻合的半甲片。

修整半甲片的形状

根据 1 中确认的黄线，用指甲锉打磨半甲片使之与自然甲吻合。

涂抹胶水

在半甲片的内侧涂上胶水。

NG

选择合适自然甲的半甲片

合适的半甲片正好可以看到自然甲，相反当半甲片超出自然甲时则不可以。

---

2 涂抹凝胶底油

安装半甲片

做好自然甲的前期准备以后，配合黄线安装半甲片。

紧实半甲片

按压黄线点，使半甲片紧密贴合自然甲。

切割半甲片

根据自己的喜好，用甲片切割刀裁剪半甲片。

涂抹平衡剂

在自然甲的部分，涂抹平衡剂。

半甲片的截面图

切割后的截面图是这种样子。法式半甲片和透明半甲片相同，也要分几次切割。

正面

侧面

完 成

3 涂抹营养油

涂抹凝胶底油

在甲床上涂抹凝胶底油，硬化。

涂抹营养油

擦去未硬化的凝胶，在指甲根部涂抹营养油，延展开来使其得到充分吸收。

涂颜色

记住基本的涂抹方法以后，接下来就要挑战上色过程了！抓住每种颜色的特征，掌握上色的诀窍。

操作过程

1 涂抹凝胶底油

在整个指甲上均匀地涂抹凝胶底油，放在紫外线灯下进行临时硬化。

2 涂抹彩色凝胶

涂抹自己喜欢的彩色凝胶，临时硬化。

3 涂抹凝胶亮油

在整个指甲上均匀地涂抹凝胶亮油，硬化。

4 擦去未硬化的凝胶

仔细地擦去未完全硬化的凝胶。

5 涂抹营养油

涂抹营养油，延展开来使其充分吸收。

哑光色

哑光色如果出现斑驳或者溢出到手指上就会非常明显，涂抹时不能用力，用笔尖小心的操作。

材料

A：凝胶底油

B：彩色凝胶

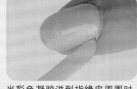

C：凝胶亮油

要点！

溢出时的应对方法

当彩色凝胶溢到指缘皮周围时，用小木棒擦拭，就可以擦拭得非常干净。

① 涂抹凝胶底油
做好自然甲的前期准备以后，将凝胶底油A涂到指甲上，临时硬化。

② 从指甲中央向指尖方向
按照从指甲中央到指尖的方向，涂抹彩色凝胶B。

③ 从指甲根部向指尖方向
按照从指甲根部到指尖的方向，涂抹彩色凝胶B，临时硬化。

④ 涂第二遍
在整个指甲上再涂一遍彩色凝胶B，临时硬化。

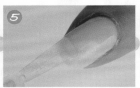

⑤ 涂抹凝胶亮油
涂抹凝胶亮油C，硬化。

⑥ 擦去未硬化的凝胶
用擦拭纸蘸取凝胶清除剂，擦掉未硬化的凝胶。

透明色

自然的透明色，非常适合学生以及白领女性在日常生活中涂抹。即使指甲长长了，凝胶缺失的部分也不明显。

材料

A：凝胶底油

B：彩色凝胶（自然色）

C：凝胶亮油

① 涂抹凝胶底油
做好自然甲的前期准备以后，将凝胶底油A涂到指甲上，临时硬化。

② 从指甲中央向指尖方向
按照从指甲中央到指尖的方向，涂抹彩色凝胶B。

③ 从指甲根部向指尖方向
按照从指甲根部到指尖的方向，涂抹彩色凝胶B，临时硬化。

④ 涂第二遍
在整个指甲上再涂一遍彩色凝胶B，临时硬化。

⑤ 涂抹凝胶亮油
涂抹凝胶亮油C，硬化。

⑥ 擦去未硬化的凝胶
用擦拭纸蘸取凝胶清除剂，擦掉未硬化的凝胶。

要点！

严禁一次涂太厚

由于透明色比较轻透，如果想要充分显色，一般需要涂3遍。如果因为想得到较深的颜色而一次涂抹过厚的话会引发厚重感影响美观。

掌握颜色的特征！

哑光色系、透明色系等因其种类不同，有的比较容易形成斑驳，有的比较容易出现厚重的感觉，各有特点。掌握自己喜欢色系的特征，挑战上色的过程。

珠光色

继哑光色后，最容易形成斑驳的色系。涂抹红色、黑色等深色时要格外注意笔刷的使用方法。

闪粉色

大受欢迎的闪粉色系不容易形成凹凸不平。从上到下，用敲打的形式涂抹就可以使闪粉均匀地分布在指甲上。

透明色

非常自然的颜色，而且不容易形成斑驳，推荐初学者使用此色系。但是一不注意就会涂抹过量，需要注意这一点。

哑光色

最容易形成斑驳，是最难对付的颜色。由于此种色系很容易留下笔刷的痕迹，所以要用笔尖不着力地进行涂抹。

闪粉色

闪闪发光的闪粉拥有超群的存在感。由于是不容易形成斑驳的色系，建议初学者采用。

材料

A：凝胶底油

B：闪粉（紫色）

C：凝胶亮油

要点！

均匀涂抹闪粉的诀窍

在涂抹闪粉的时候，用笔从上到下轻敲指面，这样就可以使闪粉均匀地分布在整个指甲上了。

1 涂抹凝胶底油
做好自然甲的前期准备以后，将凝胶底油A涂到指甲上，临时硬化。

2 涂抹彩色凝胶
涂抹闪粉B，临时硬化。

3 涂第二遍
在整个指甲上再涂一遍闪粉B，临时硬化。

4 用笔尖敲击
用笔尖轻轻敲击指面，使闪粉均匀地覆盖在整个指甲上。

5 涂抹凝胶亮油
涂抹凝胶亮油C，硬化。

6 擦去未硬化的凝胶
用擦拭纸蘸取凝胶清除剂，擦掉未硬化的凝胶。

珠光色

高档华贵的珠光色适合在宴会或者活动场合使用。需要小心涂抹，避免出现斑驳。

材料

A：凝胶底油

B：彩色凝胶（珠光粉色）

C：凝胶亮油

1 涂抹凝胶底油
做好自然甲的前期准备以后，将凝胶底油A涂到指甲上，临时硬化。

2 从指甲中央向指尖方向
按照从指甲中央到指尖的方向，涂抹彩色凝胶B。

3 从指甲根部向指尖方向
按照从指甲根部到指尖的方向，涂抹彩色凝胶B，临时硬化。

4 涂第二遍
在整个指甲上再涂一遍彩色凝胶B，临时硬化。

5 涂抹凝胶亮油
涂抹凝胶亮油C，硬化。

6 擦去未硬化的凝胶
用擦拭纸蘸取凝胶清除剂，擦掉未硬化的凝胶。

要点！

更加闪耀

推荐在彩色凝胶中混入颜料做出更加闪耀的原创颜色。具体颜色的制作方法请参考下一页的介绍。

023

制作颜色

凝胶可以组合成各种颜色，做出独一无二的原创色彩。
通过组合乳白色和闪粉色，可以制作出无限多的色彩
种类。

基本制作方法

材料

A：彩色凝胶
（白色）

B：彩色凝胶
（红色）

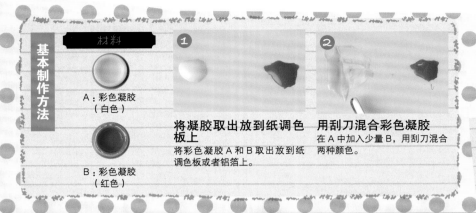

① 将凝胶取出放到纸调色板上
将彩色凝胶 A 和 B 取出放到纸调色板或者铝箔上。

② 用刮刀混合彩色凝胶
在 A 中加入少量 B，用刮刀混合两种颜色。

制作颜色时的要点
如果胡乱搅拌，凝胶会混入空气，要格外注意。
需要将凝胶按在纸调色板上，小心地搅拌。

制作颜色时的注意点
混合两种凝胶时，请使用同一厂家的产品。因为
不同厂家使用的树脂种类不同，混合后容易产生
意外状况。

凝胶 + 凝胶
使用基本的彩色凝胶，做出适合肤色白皙的人使用的颜色。

材料

A：粉色凝胶

×

B：橘色凝胶

A：黄色凝胶

×

B：天蓝色凝胶

向肤色白的人推荐的颜色
向肤色白皙的人推荐这两种颜色。水彩色系的浅色，给人柔和高贵的印象。另外也推荐使用白色凝胶，做出乳白色系。

① 将凝胶倒到纸调色板上
将彩色凝胶 A 和 B 取出放到纸调色板上。

② 用刮刀混合
在 A 中加入少量 B，用刮刀混合两种颜色。

③ 涂抹彩色凝胶
涂完凝胶底油以后，涂抹 2 中做好的彩色凝胶，硬化。

① 将凝胶倒到纸调色板上
将彩色凝胶 A 和 B 取出放到纸调色板上。

② 用刮刀混合
在 A 中加入少量 B，用刮刀混合两种颜色。

③ 涂抹彩色凝胶
涂完凝胶底油以后，涂抹 2 中做好的彩色凝胶，硬化。

凝胶 + 凝胶
使用基本的彩色凝胶，做出适合肤色较深的人使用的颜色。

材料

A：天蓝色凝胶

×

B：蓝色凝胶

A：水彩绿色凝胶

×

B：蓝色凝胶

① 将凝胶倒到纸调色板上
将彩色凝胶 A 和 B 取出放到纸调色板上。

② 用刮刀混合
在 A 中加入少量 B，用刮刀混合两种颜色。

③ 涂抹彩色凝胶
涂完凝胶底油以后，涂抹 2 中做好的彩色凝胶，硬化。

向肤色深的人推荐的颜色
肤色较深的人推荐使用鲜艳的蓝色或者绿色。这种颜色适合小麦色肌肤，给人凉爽的感觉。黄色和橘色等维生素颜色，会使肤色较黑的人显得更精神。

① 将凝胶倒到纸调色板上
将彩色凝胶 A 和 B 取出放到纸调色板上。

② 用刮刀混合
在 A 中加入少量 B，用刮刀混合两种颜色。

③ 涂抹彩色凝胶
涂完凝胶底油以后，涂抹 2 中做好的彩色凝胶，硬化。

凝胶 + 闪粉

闪粉色系非常适合制作渐变造型。手工制作的颜色，还可以随心所欲地调节深浅浓度。

材料

A：闪粉（粉色）

×

B：彩色凝胶（粉色）

① 将凝胶倒到纸调色板上
将闪粉 A 和彩色凝胶 B 取出放到纸调色板上。

② 用刮刀混合
在 B 中加入少量 A，用刮刀混合两种颜色。

③ 涂抹彩色凝胶
涂抹完凝胶底油以后，用 2 中作出的彩色凝胶做出渐变效果，然后硬化。

凝胶 + 颜料

凝胶当中混入颜料，与固有的凝胶颜色相比，会形成更加鲜艳的颜色。立刻增强颜色的跳跃性。

材料

A：颜料（蓝色）

×

B：彩色凝胶（绿色）

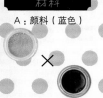

① 将凝胶倒到纸调色板上
将颜料 A 和彩色凝胶 B 取出放到纸调色板上。

② 用刮刀混合
在 B 中加入少量 A，用刮刀混合两种颜色。

③ 涂抹彩色凝胶
涂完凝胶底油以后，涂抹 2 中做好的彩色凝胶，硬化。

在此向您推荐其他颜色

推荐颜色一览表

面向初学者的乳白色系

初学者首先从白色开始起步。在白色凝胶当中加入少量彩色凝胶就可以形成自然的乳白色系。不会失败，可以安心尝试。

基本材料

白色凝胶

白色凝胶 × 绿色凝胶

白色凝胶 × 粉色凝胶

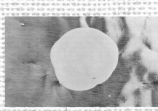

很少有机会使用的绿色凝胶当中如果加入白色凝胶，会变得非常柔和。

松软的乳粉色凝胶完成了。非常适合用于日常生活当中。

最适合渐变造型的闪粉颜色

任何颜色中都可以加入闪粉，让我们来挑战闪闪发光的美甲吧。闪粉颜色不易形成斑驳，可以轻松做出渐变效果，这也正是它的魅力所在。喜欢闪亮感觉的你，马上来尝试吧！

基本材料

银色闪粉

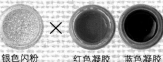

银色闪粉 × 红色凝胶 蓝色凝胶

银色闪粉 × 蓝色凝胶

红色与蓝色凝胶当中混合闪粉，性感的紫色闪粉凝胶就产生了。

蓝色凝胶当中加入闪粉，可以立刻拥有华贵感觉。

非常适合约会的珠光色

高贵闪耀的人气珠光色，建议在参加活动时使用。只要准备一款珠光色，随意与手边的颜色混合就能做出让你喜欢的珠光色调。

基本材料

珠光凝胶

珠光凝胶 × 粉色凝胶

珠光凝胶 × 天蓝色凝胶

闪闪发光的珠光粉色非常适合去约会。

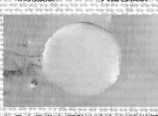

如果在天蓝色凝胶当中加入珠光凝胶，就可以得到如宝石般高贵的颜色的凝胶。

璀璨紫晶

淡紫色玫瑰，终于被撒旦从光疗水晶上拨出
而在它原来生长的地方
立即又长出一片无色透明的玫瑰来
永恒爱情的守护之花紫玫瑰

修整打磨甲片

涂抹深色甲油胶

用镭射甲油胶
做过渡色、照灯

用白色甲油胶
画出玫瑰、照灯

涂抹封层、照灯
完成

李春光老师作品

国家职业技能竞赛裁判员
国家劳动部认证-美甲技师
国家劳动部认证高级-美甲师
国家劳动部认证高级-店务管理讲师
国家劳动部认证高级-技术及管理讲师
国家高级美甲师-考证班考前指导高级讲师
国家高级美甲设计师1+N考证班-考前指导高级讲师
大赛参赛前培训班-高级指导名师

进魏美甲 全科班高级讲师
进魏美甲 3D雕艺设计班资深讲师
进魏美甲 3D美睫设计班高级讲师
进魏美甲 饰品设计班资深讲师
进魏美甲 法式水晶高级班讲师
进魏美甲 加盟店高级督导顾问
进魏美甲 考前辅导班高级讲师

李春光 (lee)

光疗美甲

基础技术 3

自由自在地练习、活用美甲基础技术！
只有牢记这些基础技术，才能够享受美甲沙龙中浩如烟
海的多种技术类型的乐趣。

- 彩色渐变
- 法式
- 大理石花纹
- 条纹
- 光疗彩绘

- 闪粉渐变
- 反法式
- 孔雀花纹
- 莱茵石

掌握简单的人气造型
美甲的基础

彩色渐变

初学者就从最简单的渐变造型开始吧。即使在涂抹指尖和指缘皮分界处时还不是得心应手，也可以做出漂亮的效果，可以安心尝试。

快美甲培训中心表参道校
岩本绫

教授P28~36的
基本操作过程

使用材料

A：透明凝胶　　B：粉色凝胶

1 涂抹凝胶底油
涂抹凝胶底油，硬化。

2 制作彩色凝胶
在透明凝胶A中加入彩色凝胶B，充分混合。

3 涂抹彩色凝胶
从距指甲根部1/3的位置开始涂抹2中做好的彩色凝胶。

4 做出渐变效果
在指尖1/3的位置涂抹彩色凝胶B，硬化。

5 模糊界限
用笔尖模糊3和4的分界线。

6 涂抹凝胶亮油
在整个指甲上均匀涂抹凝胶亮油，硬化。

要点

混合凝胶，调节浓度

以透明凝胶作为基础颜色，加入彩色凝胶，调节浓度。逐渐增加彩色凝胶的量就可以使颜色变深，这样就可以做出自然的渐变效果。

其他款式

双色渐变

材料

A　　B

C

A、B：粉色闪粉凝胶、
紫色闪粉凝胶
C：金属小颗粒（银色）
各种水钻

1 涂抹凝胶底油
涂抹凝胶底油，硬化。

2 从指甲中央到指尖方向
按照从指甲中央到指尖的方向涂抹A，硬化。

3 在指尖涂抹凝胶
在指尖涂抹凝胶B，硬化。

4 镶嵌水钻
在指尖均匀地镶嵌C，然后在整个指甲上涂抹凝胶亮油，硬化。

酷炫粉色渐变

材料

A

B

C

A：红色凝胶
B：金色闪粉
C：铆钉

1 涂抹彩色凝胶
涂抹凝胶底油，硬化。从距指甲根部1/3的位置向指尖方向涂抹A，硬化。

2 从指甲中央向指尖方向涂抹
按照从指甲中央向指尖的方向，用A做出渐变效果，硬化。

3 模糊分界线
在指尖部位涂抹A，在色彩重叠的部分用笔尖做模糊处理，制作渐变效果，硬化。

4 镶嵌铆钉
在彩色的分界处涂抹B，镶嵌C。在整个指甲上均匀地涂抹凝胶亮油，硬化。

晶莹剔透的凝胶与光彩夺目的闪粉，
演绎华贵典雅的美甲

闪粉渐变

凝胶的晶莹光泽与闪粉的闪亮光彩结合，可以做出可爱的闪粉渐变。牢记基础操作步骤，广泛应用到实际生活中吧。

使用材料

 A：粉色凝胶

 B：透明凝胶

 C：银色闪粉

 D：白色闪粉

1 涂抹凝胶底油
在整个指甲上均匀地涂抹凝胶底油，硬化。

2 涂抹彩色凝胶
涂抹彩色凝胶 A，硬化。

3 涂抹闪粉
将混合 B 和 C 而成的闪粉凝胶从距离指甲根部 1/3 的位置向指尖方向涂抹，临时硬化。

4 再涂闪粉
在指甲中央到指尖的位置涂抹 3 中做好的闪粉凝胶，硬化。

5 制作渐变效果
将 B 和 D 混合而成的闪粉凝胶涂在指尖部位，硬化。

6 涂抹凝胶亮油
在整个指甲上涂抹凝胶亮油，硬化。

要点

可以涂抹颗粒大小不同的闪粉

涂抹大小不同的闪粉可以轻松地做出渐变效果。从指甲根部到指尖方向，分别涂抹从小到大的闪粉，既省略了模糊分界线的步骤，也能做出自然地渐变效果。

其他款式

成熟渐变

材料

 A

 B

A：透明凝胶
B：金色颜料

1 涂抹凝胶底油
在整个指甲上均匀地涂抹凝胶底油，硬化。

2 涂抹彩色凝胶
混合透明凝胶 A 和颜料 B，涂在指尖部位。

3 制作渐变效果
在指尖部位再涂一遍 2 中做好的凝胶，用笔模糊分界线。

4 涂抹凝胶亮油
在整个指甲上均匀地涂一层凝胶亮油，硬化。

夜空渐变

材料

 A B C D

A、B：白色凝胶、蓝色凝胶
C：透明凝胶
D：银色闪粉
E：星形亮片（金色、银色）

1 涂抹凝胶底油和彩色凝胶
涂抹凝胶底油，硬化。涂抹 A，硬化。此工序重复 2 遍。

2 制作渐变效果
用 B 制作倾斜的渐变效果，硬化。

3 涂抹闪粉
将混合 C 和 D 而成的闪粉凝胶涂抹在渐变色的分界处，硬化。

4 镶嵌星形亮片
镶嵌 E，硬化。在整个指甲上均匀地涂抹凝胶亮油，硬化。

挑战人气王道美甲

法式

凝胶的操作熟练了以后，接下来就要挑战法式美甲了。制作法式美甲需要反复练习，直到能够熟练地画出完美的法式线。

使用材料

A、B：米粉色凝胶、白色凝胶

1 涂抹凝胶底油
在整个指甲上均匀地涂抹凝胶底油，硬化。

2 涂抹彩色凝胶
涂抹彩色凝胶A，硬化。此工序重复两遍。

3 制作法式效果
将彩色凝胶B涂在指尖部位。

要点

笔刷的使用方法决定法式美甲的成败

凝胶不经过硬化是不会固定的，所以涂过一遍以后，可以用笔刷进行微调。这里的关键就在于笔刷的使用方法。调整黄线时要把笔立起来，而调整边缘时则要使用笔刷一角。

4 调整黄线
用笔尖调整黄线。

5 调整边缘
在边缘部分再涂一遍彩色凝胶B，硬化。

6 涂抹凝胶亮油
在整个指甲上均匀地涂一遍凝胶亮油，硬化。

其他款式

水彩异形法式

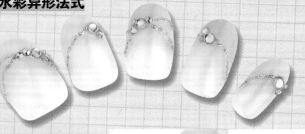

自然可爱的粉色法式

材料

A

B

C

A、B：水彩白色凝胶、粉色凝胶
C：金色闪粉
D：水钻、铆钉

1 涂抹凝胶亮油和彩色凝胶
在整个指甲上均匀地涂抹凝胶底油，硬化。涂抹A，硬化。此工序重复两遍。

2 制作法式效果
在指尖部位涂抹B，硬化。

3 勾勒法式线
混合A和C，勾勒法式线。

4 镶嵌水钻
将D的水钻和铆钉整齐地排列到指甲上，涂抹凝胶亮油，硬化。

材料

A

B

C

D

A：粉色凝胶
B：透明凝胶
C：闪粉（金色）
D：各种水钻

1 涂抹凝胶底油
在整个指甲上均匀地涂抹凝胶底油，硬化。

2 制作法式效果
在指尖部分涂抹彩色凝胶A，硬化。

3 勾勒法式线
混合透明凝胶B和闪粉C，勾勒分界线。

4 镶嵌水钻
将水钻D整齐地排列到法式线处。在整个指甲上均匀地涂抹凝胶亮油，硬化。

应用法式原理制作
反法式

法式当中，最受欢迎的当属反法式。如果将指甲根部涂成透明色，即使指甲生长出来也不会影响法式效果。

使用材料

A、B：绿色凝胶、褐色凝胶
C：绿色闪粉指甲油

1 涂抹凝胶底油
在整个指甲上均匀地涂抹凝胶底油，硬化。

2 制作反法式
空出指甲根部 1/3 的位置，涂抹彩色凝胶 A。

3 涂第二遍
再涂彩色凝胶 A，硬化。

要点

推荐给初学者的简单造型
看起来非常复杂的动物纹，实际操作起来非常简单。只需要用笔尖随意地敲击在指甲上即可。可以马上掌握的艺术美甲，初学者一定要尝试一下。

4 描绘图案
用彩色凝胶 B 随意在指甲上画出图案，硬化。

5 勾勒分界线
用闪粉指甲油 C，勾勒反法式的分界线。

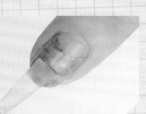

6 涂抹凝胶亮油
在整个指甲上均匀地涂抹凝胶亮油，硬化。

其他款式

奢华法式

材料

A：透明凝胶
B：紫色雕花粉
C：紫色闪粉
D：透明色莱茵石

制作彩色凝胶
均匀地混合透明凝胶 A 和紫色雕花粉 B。

制作闪粉凝胶
均匀地混合透明凝胶 A 和紫色闪粉 C。

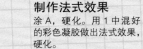

制作法式效果
涂 A，硬化。用 1 中混好的彩色凝胶做出法式效果，硬化。

镶嵌水钻
涂 2，硬化。镶嵌 D 以后在整个指甲上均匀地涂抹 A，硬化。

柔和的粉色法式

材料

A、B：白色凝胶、粉色凝胶
C：带细笔刷的银色指甲油
D：粉色莱茵石
E：金属小颗粒（银色）

涂抹凝胶底油和彩色凝胶
在整个指甲上均匀地涂抹凝胶底油，硬化。涂抹 A，硬化。此工序重复两遍。

用粉色凝胶制作反法式
避开指甲根部涂抹 B，作出反法式效果，硬化。

勾勒法式线
用 C 勾勒分界线，硬化。

镶嵌水钻
将 D 和 E 整齐地排列到指甲上，在整个指甲上涂抹凝胶亮油，硬化。

笔刷的使用方法是关键
大理石花纹

大理石花纹能够充分凸显凝胶的柔和魅力。制作大理石花纹的关键在于正确使用笔刷，因此要牢牢掌握。

使用材料

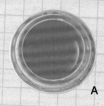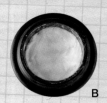

A   B

A、B：橘色凝胶、白色凝胶

1 涂抹凝胶底油
在整个指甲上均匀地涂抹凝胶底油，硬化。

2 从指甲中央到指尖方向
按照从指甲中央到指尖的方向，涂抹彩色凝胶 A，硬化。

3 从指甲根部到指尖方向
按照从指甲根部到指尖的方向，涂抹彩色凝胶 A，硬化。

要点

掌握制作大理石条纹的笔刷使用方法

如果想要做出细致的大理石条纹，可以试试用笔刷一角描绘。笔刷的力度要介于触与不触之间，需要格外谨慎。另外，打乱大理石条纹要有度，如果过度的话，大理石条纹反而会消失不见。

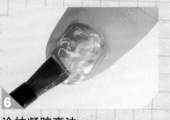

4 描绘点点图案
用彩色凝胶 B 描绘点点图案。

5 制作大理石花纹
用笔尖将 4 中做好的点点图案打乱做出大理石花纹，硬化。

6 涂抹凝胶亮油
在整个指甲上均匀地涂抹凝胶亮油，硬化。

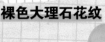
其他款式

裸色大理石花纹

材料

A   B

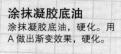

C   D

E

A：透明凝胶
B、C、D：米色凝胶、褐色凝胶、白色凝胶
E：极光色亮片

涂抹凝胶底油
涂抹凝胶底油，硬化。用 A 做出渐变效果，硬化。

制作渐变效果
从指甲中央到指尖方向用 B 做渐变效果，硬化。

描绘点点图案
用彩色凝胶 C 描绘点点图案。

描绘线条
混合打乱 3 中画出的点点图案，硬化。镶嵌 D，最后在整个指甲上涂抹 A，硬化。

成熟大理石花纹法式

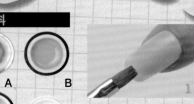

材料

A   B

C   D

E   F

A：透明凝胶
B、C、D、E：乳粉色凝胶、紫色凝胶、白色凝胶、粉色凝胶
F：带有细笔刷的金色指甲油

涂抹凝胶底油和彩色凝胶
在整个指甲上均匀地涂抹凝胶底油，硬化。涂抹 A，硬化。此工序重复两遍。

制作法式效果
在指尖处涂抹彩色凝胶 B，硬化。

画出 3 色线
在指尖处用 C、D 画线。

制作大理石花纹
用笔尖混合三种颜色，做出大理石花纹，硬化。

挑战人气造型
孔雀花纹

孔雀花纹虽然有些难，但是如果掌握了这种技术，就等同于熟练掌握了笔刷的使用方法。

 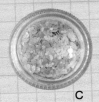

使用材料

A　　　　　B　　　　　C

A、B：蓝色凝胶、白色凝胶
C：亮片

 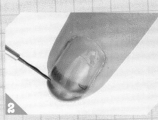

要点

快速敏捷地勾勒线条是成功的关键

做出漂亮的孔雀花纹的关键在于快速勾勒线条。如果不慌不忙地操作，一方面凝胶容易渗透，另一方面多次修改线条容易使线条倾斜。果断快速的操作特别重要。

1 涂抹凝胶底油
在整个指甲上均匀地涂抹凝胶底油，硬化。

2 用蓝色勾勒线条
在指尖处用彩色凝胶 A 勾勒线条。

3 用白色勾勒线条
在 2 中勾出的线条中央再用彩色凝胶 B 勾勒线条。

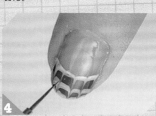 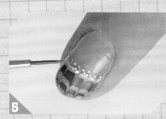 

4 纵向勾勒线条
从距离指尖 1/3 的位置到指尖方向纵向勾勒细线，硬化。

5 镶嵌亮片
在分界处镶嵌亮片 C。

6 涂抹凝胶亮油
在整个指甲上涂抹凝胶亮油，硬化。

其他款式

民族风异形孔雀花纹

材料

A　　　B

C　　　D

E　　　F

A、B、C、D、E：金色凝胶、白色凝胶、深紫色凝胶、浅紫色凝胶、金色闪粉
F：水钻

涂抹凝胶底油和彩色凝胶
在整个指甲上涂抹凝胶底油，硬化。涂抹 A，硬化。此工序重复两遍。

用三色勾勒线条
如图所示，分别将彩色凝胶 B、C、D 涂抹在指尖。

制作孔雀花纹
在三色凝胶之上分别用细笔牵引，做出孔雀花纹。

镶嵌水钻
用闪粉 E 勾勒线条，镶嵌 F。最后在整个指甲上涂抹 A，硬化。

高雅反法式孔雀花纹

材料

A

B　　　　C

D

A、B、C：粉色凝胶、白色凝胶、紫色凝胶
D：莱茵石（白色珍珠、米色、极光色）

制作反法式
涂抹凝胶底油，硬化。用 B 做出反法式效果，硬化。

用白色勾勒线条
在用 B 做出的反法式的部分勾勒线条。

用紫色勾勒线条
紧邻 2 中勾勒好的线条，用 C 勾勒线条。

制作孔雀花纹
制作孔雀花纹，硬化。在整个指甲上镶嵌 D，最后在整个指甲上涂抹 A，硬化。

条纹

设计款式非常丰富的条纹，既可展示酷炫风，又可表现可爱风，使用起来非常方便。只要记住基础操作过程，就可以无限延伸设计范围。

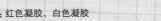

A、B：红色凝胶、白色凝胶

1 涂抹凝胶底油
在整个指甲上均匀地涂抹凝胶底油，硬化。

2 涂抹彩色凝胶
涂抹彩色凝胶 A，硬化。

3 涂抹自由边
用彩色凝胶 A 涂抹自由边，临时硬化。

要点

推荐给初学者的条纹的描绘方法

想要画出较细的线条，但总是画歪。这时推荐给您的方法，就是先画一个粗条纹，然后再将其分成两半即可。纵向拿平笔，从指甲根部向指尖方向认真勾勒。

4 描绘粗条纹
用彩色凝胶 B 描绘粗条纹。

5 纵向切割线条
将笔立起，将 4 中画好的条纹纵向切成两半。

6 涂抹凝胶亮油
在整个指甲上涂抹凝胶亮油，硬化。

其他款式

成熟中透着可爱的反法式条纹

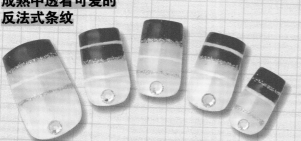

可爱的亮片条纹

A
B
C
D
E

A、B、C：粉色凝胶、红色凝胶、白色凝胶
D：带有细笔的金色指甲油
E：粉色莱茵石

1 涂抹粉色凝胶
在整个指甲上涂抹凝胶底油，硬化。在指尖到指甲根部 2/3 的位置涂抹 A，硬化。

2 涂抹红色凝胶
在指尖部分涂抹 B，硬化。

3 勾勒线条
用 D 勾勒线条，硬化。

4 勾勒细线条
用 C 勾勒细线条，硬化。镶嵌 E，最后在整个指甲上涂抹 A，硬化。

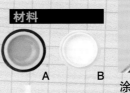

A
B
C
D

A、B：乳粉色凝胶、白色凝胶
C：带有细笔的金色指甲油
D：金色亮片

1 涂抹凝胶底油和彩色凝胶
在整个指甲上涂抹凝胶底油，硬化。涂抹 A，硬化。此工序重复两遍。

2 勾勒线条
用 B 勾勒线条，硬化。

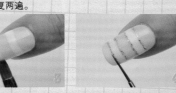

3 制作横纹图案
用 B 在指尖描绘条纹，硬化。

4 用亮片勾勒边线
用 C 勾勒线条，然后镶嵌亮片 D。在整个指甲上均匀地涂抹凝胶亮油，硬化。

尝试精细造型
莱茵石

高品质的莱茵石美甲，无论是应用于办公室，还是活动中，都会给人留下美好的印象。赶快记住操作方法来挑战莱茵石美甲吧！

使用材料

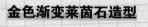

A、B、C：白色凝胶、褐色凝胶、蓝色凝胶
D：亮片

1 涂抹凝胶底油
在整个指甲上均匀地涂抹凝胶底油，硬化。

2 描绘白色线条
用白色凝胶 A 描绘线条，硬化。

3 描绘褐色线条
用褐色凝胶 B 描绘线条，硬化。

4 描绘蓝色线条
用蓝色凝胶 C 描绘线条，硬化。

5 镶嵌亮片
在指甲上均匀地镶嵌亮片 D。

6 涂抹凝胶亮油
在整个指甲上涂抹凝胶亮油，硬化。

要点

莱茵石造型要采用细笔刷

如果要用平笔描绘细线，很容易脱离正常轨道，或者使线条变粗，这时可以试试用细笔描绘细线。如果使用细笔，即使是精细的莱茵石造型也会变得出奇的简单。

其他款式

奢华莱茵石造型

材料

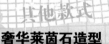

A、B：绿色闪粉、粉色闪粉
C：铆钉

1 涂抹凝胶底油
在整个指甲上涂抹凝胶底油，硬化。

2 制作闪粉凝胶
在凝胶底油中分别加入 A 和 B 两种闪粉，制作闪粉凝胶。

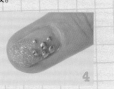

3 勾勒线条
用 2 中制作的彩色凝胶描绘水流形状。

4 镶嵌铆钉
镶嵌 C，最后在整个指甲上均匀地涂抹凝胶亮油，硬化。

金色渐变莱茵石造型

材料

A、B：珍珠色凝胶、白色凝胶
C：亮片

1 混合雕花粉
分别取出适量的凝胶底油和 A，充分进行混合。

2 制作渐变效果
涂抹凝胶底油，硬化。用 1 中做出的凝胶制作渐变效果，硬化。

3 勾勒线条
用 B 从指甲根部到指尖方向画线条，镶嵌亮片 C。

4 涂抹凝胶亮油
在整个指甲上涂抹凝胶亮油，硬化。

使用凝胶可以制作各种造型
光疗彩绘

尝试用凝胶制作自己喜欢的造型。凝胶的光泽感与丙烯颜料不同，给人柔和的感觉。

使用材料

A   B   C

A：透明凝胶　B：颜料　C：白色凝胶

1
涂抹凝胶底油
在整个指甲上均匀地涂抹凝胶底油，硬化。

2
涂抹彩色凝胶
混合 A 与紫色颜料 B，从距离指甲根部 1/3 的位置向指尖方向涂抹，硬化。

3
制作渐变效果
将 2 中制作的彩色凝胶涂在指尖部位，做出渐变效果。

4
涂抹彩色凝胶
在 A 中分别加入 B 的黄色与蓝色颜料，随意涂抹在指甲上。

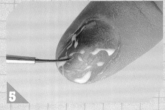

5
勾勒线条
将彩色凝胶 C 按照线形形状滴落在指甲上。

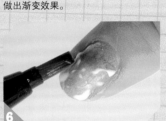

6
涂抹凝胶亮油
在整个指甲上涂抹凝胶亮油，硬化。

要点

只需要在指甲上滴落凝胶的彩绘造型

有的初学者认为用指甲油制作的彩绘造型甚是复杂，那不妨就从凝胶滴落彩绘开始做起。笔刷上蘸满凝胶，随意滴落到指甲上，就可以做出时尚的彩绘艺术。

其他款式

豹纹反法式

水彩凝胶几何花样

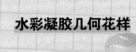

材料

 A

 B

 C

      D

A、B、C：水彩紫色凝胶、水彩蓝色凝胶、粉色凝胶
D：银色闪粉

1
制作反法式
在整个指甲上涂抹凝胶底油，硬化。用A制作反法式，硬化。

2
制作点点图案
将 B 按照点点图案的形式随意点缀到指甲上，硬化。

3
制作豹纹花样
用 C 将 2 中做好的点点图案均匀地包围起来，做出豹纹花样，硬化。

4
勾勒线条
用 D 勾勒反法式的线条，硬化。最后在整个指甲上均匀地涂抹凝胶亮油，硬化。

材料

  A　B

  C　D

  E

A、B、C、D：绿色凝胶、粉色凝胶、黄色凝胶、白色凝胶
E：带细笔的金色指甲油

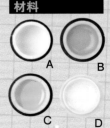

1
涂抹凝胶底油和彩色凝胶
在凝胶底油中分别加入 A 和 B 两种闪粉，制作闪粉凝胶。

2
用粉色描绘曲线
用粉色凝胶 B 描绘曲线，硬化。

3
用黄色描绘曲线
沿着 2 中描绘出的曲线，用 C 描绘，硬化。

4
用白色描绘曲线
在 3 的周围，用 D 描绘曲线，硬化。用 E 勾勒线条，最后将 A 均匀地涂在整个指甲上，硬化。

尝试精细造型
莱茵石

高品质的莱茵石美甲，无论是应用于办公室，还是活动中，都会给人留下美好的印象。赶快记住操作方法来挑战莱茵石美甲吧！

使用材料

A　　　　B　　　　C　　　　D

A、B、C：白色凝胶、褐色凝胶、蓝色凝胶
D：亮片

1 涂抹凝胶底油
在整个指甲上均匀地涂抹凝胶底油，硬化。

2 描绘白色线条
用白色凝胶 A 描绘线条，硬化。

3 描绘褐色线条
用褐色凝胶 B 描绘线条，硬化。

4 描绘蓝色线条
用蓝色凝胶 C 描绘线条，硬化。

5 镶嵌亮片
在指甲上均匀地镶嵌亮片 D。

6 涂抹凝胶亮油
在整个指甲上涂抹凝胶亮油，硬化。

要点

莱茵石造型要采用细笔刷

如果要用平笔描绘细线，很容易脱离正常轨道，或者使线条变粗，这时可以试试用细笔描绘细线。如果使用细笔，即使是精细的莱茵石造型也会变得出奇的简单。

其他款式

奢华莱茵石造型

材料

A

B

C

A、B：绿色闪粉、粉色闪粉
C：铆钉

1 涂抹凝胶底油
在整个指甲上涂抹凝胶底油，硬化。

2 制作闪粉凝胶
在凝胶底油中分别加入 A 和 B 两种闪粉，制作闪粉凝胶。

3 勾勒线条
用 2 中制作的彩色凝胶描绘水流形状。

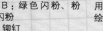

4 镶嵌铆钉
镶嵌 C，最后在整个指甲上均匀地涂抹凝胶亮油，硬化。

金色渐变莱茵石造型

材料

A

B

C

A、B：珍珠色凝胶、白色凝胶
C：亮片

1 混合雕花粉
分别取出适量的凝胶底油和 A，充分进行混合。

2 制作渐变效果
涂抹凝胶底油，硬化。用 1 中做出的凝胶制作渐变效果，硬化。

3 勾勒线条
用 B 从指甲根部到指尖方向画线条，镶嵌亮片 C。

4 涂抹凝胶亮油
在整个指甲上涂抹凝胶亮油，硬化。

使用凝胶可以制作
各种造型
光疗彩绘

尝试用凝胶制作自己喜欢的造型。凝胶的光泽感
与丙烯颜料不同，给人柔和的感觉。

使用材料

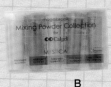

A：透明凝胶　B：颜料　C：白色凝胶

1 涂抹凝胶底油
在整个指甲上均匀地涂抹凝胶底油，
硬化。

2 涂抹彩色凝胶
混合 A 与紫色颜料 B，从距离指甲根
部 1/3 的位置向指尖方向涂抹，硬化。

3 制作渐变效果
将 2 中制作的彩色凝胶涂在指尖部位，
做出渐变效果。

4 涂抹彩色凝胶
在 A 中分别加入 B 的黄色与蓝色颜料，
随意涂抹在指甲上。

5 勾勒线条
将彩色凝胶 C 按照线形形状滴落在指
甲上。

6 涂抹凝胶亮油
在整个指甲上涂抹凝胶亮油，硬化。

要点

只需要在指甲上滴落凝胶
的彩绘造型

有的初学者认为用指甲油制作的彩
绘造型甚是复杂，那不妨就从凝胶
滴落彩绘开始做起。笔刷上蘸满凝
胶，随意滴落到指甲上，就可以做
出时尚的彩绘艺术。

其他款式

豹纹反法式

水彩凝胶几何花样

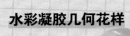
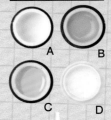

材料

 A
 B
 C
 D

A、B、C：水彩紫色凝胶、
水彩蓝色凝胶、粉色凝
胶
D：银色闪粉

1 制作反法式
在整个指甲上涂抹凝胶底
油，硬化。用A制作反法式，
硬化。

2 制作点点图案
将 B 按照点点图案的形式
随意点缀到指甲上，硬化。

3 制作豹纹花样
用 C 将 2 中做好的点图
案均匀地包围起来，做出
豹纹花样，硬化。

4 勾勒线条
用 D 勾勒反法式的线条，
硬化。最后在整个指甲上
均匀地涂抹凝胶亮油，硬化。

材料

A B
C D
 E

A、B、C、D：绿色凝
胶、粉色凝胶、黄色凝
胶、白色凝胶
E：带细笔的金色指甲
油

**1 涂抹凝胶底油和彩
色凝胶**
在凝胶底油中分别加入 A
和 B 两种闪粉，制作闪粉
凝胶。

2 用粉色描绘曲线
用粉色凝胶 B 描绘曲线，
硬化。

3 用黄色描绘曲线
沿着 2 中描绘出的曲线，
用 C 描绘，硬化。

4 用白色描绘曲线
在 3 的周围，用 D 描绘曲
线，硬化。用 E 勾勒线条，
最后将 A 均匀地涂在整个
指甲上，硬化。

A
B
C
D

E

A、B、C、D：
白色凝胶、黄色凝胶、绿色凝胶、粉色凝胶
E：各种水钻

1 涂抹凝胶底油
在整个指甲上均匀地涂抹凝胶底油，硬化。

2 用白色描绘点点图案
按照点点图案的画法，将 A 涂在指尖部位，硬化。

3 涂抹透明凝胶
在指尖部位涂抹凝胶底油，硬化。

4 用黄色描绘点点图案
按照步骤 2 和 3 的要领涂抹 B 和凝胶底油，硬化。

5 用绿色描绘点点图案
按照 4 的要领将 C 和凝胶底油涂抹在指甲上，硬化。

6 用粉色描绘点点图案
按照 5 的要领将 D 和凝胶底油涂抹在指甲上，硬化。

7 涂抹凝胶亮油
在整个指甲上均匀地涂抹凝胶亮油，硬化。

8 镶嵌莱茵石
将莱茵石 E 均匀地镶嵌到指甲上，完成。

A
B
C
D
E

A、B、C：白色凝胶、红色凝胶、黄色凝胶
D：透明凝胶
E：白色闪粉

1 涂抹基础颜色的彩色凝胶
将混合 A 与 B 得到的粉色凝胶和 C 涂在指甲上，做出基础样式，硬化。

2 涂抹闪粉凝胶
将混合 D 和 E 得到的闪粉凝胶涂在指甲的中央部分，硬化。

3 在分界处描绘线条
用 A 在指尖和指甲根部的分界处描绘线条。

4 在中央部分描绘线条
在中心部分描绘纤细线条，硬化。

5 描绘孔雀花纹
在 5 中描绘的线条的基础上，垂直拿笔画出线条。

6 切割线条
细细切割线条，做出精细花样。

7 描绘蕾丝图案
用 A 描绘蕾丝图案，硬化。

8 涂抹凝胶亮油
在整个指甲上均匀地涂抹凝胶亮油，硬化。

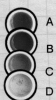

A
B
C
D
E

F

A、B、C、D：粉色闪粉凝胶、红色凝胶、粉色凝胶、珠光白色凝胶
E：银色闪粉
F：各种水钻

1 涂抹凝胶底油
在整个指甲上均匀地涂抹凝胶底油，硬化。

2 涂抹基础颜色的彩色凝胶
涂 A，硬化。此工序重复两遍。

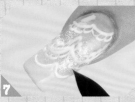

3 用红色凝胶描绘线条
涂抹凝胶底油，然后在指尖部位用 B 画出倾斜的线条。

4 用粉色凝胶描绘线条
在与 3 隔出一条线的距离处，用 C 描绘倾斜的线条。

5 用珠光闪粉画线
在 C 和红色凝胶的旁边用 D 描绘倾斜的线条。

6 描绘闪粉线条
在三色线的两端用 E 勾勒倾斜的边线。

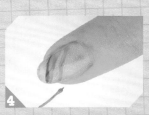

7 牵引
用细笔纵贯指尖到指甲根部的位置迅速地牵引。

8 镶嵌水钻
镶嵌 F，然后在整个指甲上均匀地涂抹凝胶亮油，硬化。

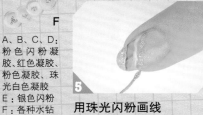

铆钉与闪粉交相呼应，演绎极致豹纹花样。

用凝胶制作的动物纹图案栩栩如生，可爱至极。

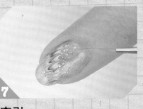

柔和的花朵给人自然可爱的感觉。

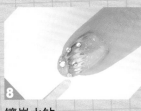

用牵引技术制作的蝴蝶图案是整体设计的亮点和关键。

问1 凝胶如何保存?

答 保存时避免阳光直射

由于凝胶有遇紫外线硬化的特征，所以要放在阳光不能直射的阴凉场所进行保管，这一点非常重要。并且，如果将瓶身放倒保存，凝胶有从缝隙泄露的危险，所以务必要将瓶身立起保管。另外也会出现凝胶瓶口硬化，无法打开盖子的情况。因此使用过凝胶以后，要用凝胶清除剂擦去瓶口边缘的凝胶。

问2 凝胶的保质期有多久?

答 一般为 1~3 年

根据厂家不同时间也会有不同，但是一般没有开封的凝胶如果放在恰当的场所进行保管可以保持 1~3 年。另外，开过封的产品大概能保存半年到 1 年，要尽快使用。

清楚地向您解答有关凝胶的所有问题，包括是什么和为什么等

光疗美甲问与答

解答光疗美甲中常见问题的"光疗美甲烦恼商谈室"。"为什么会这样?"
如果你正在为这样的问题烦恼，本页就将为您彻底解决。

问3 指甲出现断裂怎么办?

答 用透明凝胶修补指甲就可以了

如果指甲出现断裂只需要用凝胶修补，等待长出新的指甲就可以了。用刷子取少量凝胶，在出现断裂的地方连续滴，硬化就可以了。等待自然甲长长以后就可以卸除凝胶，用指甲锉调整形状。

问4 为什么指甲表面出现小颗粒?

答 要注意防止气泡进入

所谓气泡，是凝胶当中进入空气产生的，如果瓶子当中混入空气，依旧照原样使用的话，硬化后，指甲表面就会出现小颗粒。瓶子当中混入空气时可以放置一天再使用，防止产生气泡。另外搅拌过度或者涂抹完以后随意改动也容易产生气泡。凝胶硬化之前，可以用笔刷的前端压破气泡。

问5 为什么凝胶表面变得非常厚重?

答 要注意凝胶的量和笔刷的使用方法

如果凝胶的量太多,会流到指甲两侧,多余的凝胶就会残留下来,需要注意这一点。要用笔尖蘸取凝胶,涂抹凝胶的量,以不出现飞白为标准。如果任由凝胶残留就进行硬化,那做出来的效果就会非常厚重,因此要用牙签将多余的凝胶拭去,然后再进行硬化。另外如果灵活利用凝胶的自动平衡机能就能防止凝胶流到两侧,做出漂亮的效果。(凝胶自动平衡机能请参考P20)

问6 为什么凝胶变模糊了?

答 造成模糊的原因有很多种,要对以下情况一一确认

①笔刷上留有水分。②凝胶的硬化时间不恰当。③残留有未硬化的凝胶。④擦拭未硬化凝胶的擦拭纸不干净。⑤没有涂抹凝胶亮油。⑥混合使用不同厂家的产品。以上各项要一一进行确认并改善。

问7 凝胶盒子变得黏糊糊的怎么办?

答 要习惯用凝胶清除剂擦洗

使用过凝胶以后,不经常清洗随意保管凝胶盒子的话,盒子很快就会变得黏糊糊的,长久放置还会出现瓶口部分硬化,打不开盖子的情况。为了防止这种情况发生,要养成使用后用凝胶清除剂擦洗的习惯。用纸巾或者棉花蘸取凝胶清除剂,将瓶身上多余的凝胶擦拭干净。之后用干燥的纸巾擦去水分进行保管。

问8 做好美甲以后需要注意什么?

答 需要注意指尖的保湿

如果指甲干燥,凝胶就很容易脱落,因此要经常涂抹营养油等保湿剂,避免干燥是长久保持美甲效果的秘诀所在。经常沾水的人更容易干燥,要格外注意。

问9 粘结剂与干燥剂的区别是什么？

答 两者都是用于提高凝胶黏着性的前期涂抹溶剂

无论是粘结剂还是干燥剂都是在光疗美甲或者水晶美甲进行前的黏着促进剂。粘结剂的最大特征是不含干燥剂中一种被称为幻觉剂（甲基丙烯）的酸。另外，粘结剂作为凝胶的一种要放在紫外线灯下硬化使用。选择使用哪种产品，能否同时使用都是根据厂家特征决定的，所以事先要做好确认。

问10 为什么凝胶不硬化？

答 确认紫外线灯的使用方法

是不是到了更换紫外线灯泡的时间？各个厂家都有更换灯泡的时间表，对此事先要进行确认。另外，如果凝胶涂抹过厚或者采用不易硬化的颜色（白、蓝、黄、黑），则在通常的时间内是无法完成硬化的，需要适当延长硬化时间。还有，采用紫外线灯硬化时，大拇指和小拇指通常都会露到灯照射范围外，因此要注意将手指垂直放到紫外线灯下照射。

这种程度是最佳状态　　　　涂太厚不容易硬化

问11 凝胶笔刷变硬怎么办？

答 清洗笔刷上残留的凝胶以后，盖上盖子保存

如果笔刷上残留凝胶，凝胶就会硬化，笔刷就会变得干巴巴的。使用笔刷以后，务必要用凝胶清除剂清洗干净，然后保存。另外，为了保持笔刷的清洁，要盖上笔帽，同凝胶一样，放在阳光无法照射到的阴凉场所保存。

问12 光疗美甲可以保持多长时间？

答 通常可以保持两周到一个月

根据凝胶的种类和指甲的状态会有所不同，通常可以保持两周到一个月。另外，由于频繁卸除会损伤指甲，因此做完美甲以后不久凝胶出现脱落的话，建议采取修复的方式。

可以操作美甲的异变	不可以操作美甲的异变
●倒刺、肉刺 指甲周围的皮肤裂开的状态，主要是由于干燥引起的。 ●甲光斑 指甲表面有白色斑点。这是由于指甲生长过程中进入空气而导致的。 ●软指甲 由于内脏疾病或者减肥导致营养不良，进而导致指甲变薄的状态。	●绿指甲 受霉菌感染，指甲变绿 ●指甲炎 由于念珠菌等细菌产生的炎症，会多次化脓。 ●甲真菌症 受白癣菌感染，称为指甲手足癣。其症状主要为指甲脱落或变黄。

问13 有没有什么指甲是不能进行光疗美甲的？

答 当指甲有感染症状或者有异常时要控制使用

根据指甲的异常状况，控制使用。如果只是出现倒刺和内血等症状，则不用担心，照常使用即可。但是如果是念珠症或者灰指甲等感染症，则需要控制使用，因为涂抹凝胶导致病情恶化。

问14 为什么凝胶涂抹过后马上就脱落？

答 认真涂抹平衡剂

水分和油分是凝胶的天敌！涂抹凝胶前一定要涂抹平衡剂以除去指甲上的水分和油分。另外，打磨不足也是导致凝胶脱落的原因之一。尤其是指缘皮周围容易遗漏掉，因此要毫无遗漏地打磨好整个指甲。其他造成凝胶脱落的原因有凝胶不小心沾到皮肤上，从沾上的部位开始脱落。因此当有凝胶溢出时要及时用小木棒等工具拭去，然后再进行硬化。

问15 做光疗美甲会不会导致指甲变黄？

答 基本不用担心指甲会变黄

光疗美甲中，不用担心指甲会变黄或者变色，只是，如果频繁使用凝胶清洗剂会导致指甲变黄，因此，建议不要反复更换颜色。如果指甲长长可以进行修复，更换的时间最短也要保持在两周左右。

问17 美化失败怎么办？

答 硬化前可以进行多次修改

制作美甲，难免会失败。如果是在硬化前，可以用凝胶清除剂擦拭，重新制作。如果是需要数次硬化的美甲，擦拭只能回到上一步骤，和指甲油一样，无法回到最初的状态。

问16 硬化时会感觉到发热是因为什么？

答 是由于凝胶硬化而产生的化学反应

凝胶在硬化时，会产生化学反应而发热。如果感觉到发热可以暂时将手从灯下拿出，放缓硬化的过程。将手拿出只会放缓硬化过程，并不会对结果产生影响。另外，如果凝胶量过多，化学反应就会更加剧烈，更容易感觉到发热。这也是导致凝胶萎缩的原因，要格外注意。

问19 为什么卸除凝胶以后，指甲表面变得干巴巴的？

答 用凝胶清除剂不能卸除的部分要用 150~180G 的指甲锉轻轻打磨卸除

可不可以强行卸除凝胶呢？如果用格目比较粗的指甲锉打磨指甲，强行卸除凝胶的话就会导致指甲断裂。一旦发生断裂，就会一直持续到长出新指甲才能完全愈合，所以要格外注意。软凝胶要用凝胶清除剂充分浸透，无法卸除时用 150~180G 的指甲锉轻轻打磨卸除。硬凝胶则要注意不能打磨过度。

问18 为什么感觉凝胶的硬度会随天气变化？

答 会根据气温变化

凝胶根据温度不同,硬度也会发生变化。气温低变硬，气温高变软。虽然温度变化并不会对结果产生影响，但是建议根据自己的习惯调整硬化时温度。

恋上狂野

可爱糖果色配以狂野不失俏皮的豹纹
谁说女人的可爱与狂野不能兼得

文雯老师作品

工具材料

选择甲片

修甲片形状

粘贴在甲油座上

涂第一遍甲油胶

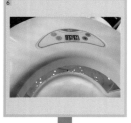

照灯

涂第二遍甲油胶

照灯

用蓝色甲油胶画出豹纹形状

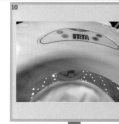

照灯

用黑色甲油胶画出豹纹的边缘轮廓

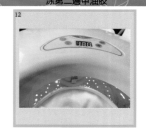

照灯

涂封层胶

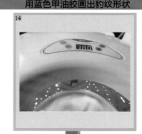

照灯

用凝胶清洁剂清洁清洁甲面

涂胶水

粘贴金色钢珠

完成效果图

文雯（Winni Wen）

国家劳动部认证---高级美甲师
国家劳动部认证---高级美甲技师
国家劳动部认证高级---店务管理讲师
国家劳动部认证美甲---技术及管理讲师
国家劳动部高级美甲师---考证高级指导教师
国家级比赛赛前辅导班---高级指导教师
中国美容美发协会美甲最佳指导教师
曾多次担任国内国际美甲大赛评委
国家1+N考证班---考前指导讲师
进巍美甲3D雕艺设计班首席高级讲师

进巍美甲全科班高级讲师
进巍美甲国际F&C彩绘班高级讲师
进巍美甲FORCK班高级讲师
进巍美甲资深下店督导老师
2008年中国国际美甲艺术邀请赛静态彩绘组季军
2009年中国国际美甲艺术邀请赛基础手护理组优秀奖
2010年中国国际美甲艺术邀请赛法式水晶甲组优秀奖
2010年中国国际美甲艺术邀请赛基础手护理组季军

文雯（Winni Wen）

艺术美甲技巧

结合亮片、水钻等饰物达到最好的美甲效果。

让我们充分享受洋溢着个性与创新的艺术美甲的乐趣吧。

因自然不做作的光泽而人气
倍增！
亮片造型

基础美甲项目，
增加艺术光辉。
水钻造型

只需粘贴就能迅速提升整体感！
因此贴纸与彩带备受瞩目。
贴纸与彩带造型

混合、镶嵌、置于上方等实用方
法打造无穷尽的闪粉造型。
闪粉造型

物美价廉的彩绘，
让人着迷。
彩绘造型

用指甲油做彩绘，最后刷上凝胶
亮油，颜色不易脱落。
指甲油彩绘

喜欢华丽感的姑娘们不容错过，
务必要挑战的奢华光疗美甲。
大配饰造型

拥有新感觉的凝胶 3D 造型，活
灵活现的感觉非常可爱。
3D 浮雕造型

用模具制作镶嵌在指甲上的配
饰，别有趣味。
立体 3D 造型

拥有牢固基础的人气水晶美甲与
光疗美甲结合打造的最强组合。
水晶光疗美甲

亮片造型

只需要镶嵌光辉闪烁的亮片就可以明显提高时尚度。可以直接在自然甲上制作的造型，因此经常使用手指的人也可以尽享其中的乐趣。

基本操作过程

使用材料

A：白色凝胶；B：银色闪粉；C：粉色凝胶；D：粉色闪粉；E：粉色亮片

制作闪粉凝胶
混合A与B，制作白色闪粉凝胶。

涂抹基础彩色凝胶
涂抹凝胶底油，硬化。涂抹1中做好的闪粉凝胶，硬化。此工序重复两遍。

制作闪粉凝胶
混合C与D，制作粉色闪粉凝胶。

用彩色凝胶做底色

镶嵌亮片时，难免会出现缝隙。解决方法是底色采用与亮片同色的彩色凝胶。这样一来，即使亮片之间存在缝隙，也会变得不明显，这样就可以做出格外漂亮的效果。

描画斜纹
用3中混好的闪粉凝胶描画斜纹，硬化。

镶嵌亮片
在4中描画的斜纹上，镶嵌亮片。

涂抹凝胶亮油
在整个指甲上均匀地涂抹凝胶亮油，硬化。

成熟亮片美甲

A

B

C

A：米色凝胶
B、C：金色亮片（大、小）

涂抹基础彩色凝胶
涂抹凝胶底油，硬化。涂A，硬化。此工序重复两遍。

镶嵌亮片
薄薄地涂一层凝胶底油，然后均匀镶嵌B。

镶嵌亮片②
在2间隙内，均匀地镶嵌小亮片C。

涂抹凝胶亮油
在整个指甲上均匀地涂抹凝胶亮油，硬化。

亮片天空

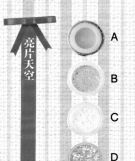

A

B
C

D

A：透明凝胶；B：浅蓝色闪粉；C：闪粉；D：亮片

制作闪粉凝胶
在透明凝胶A中加入B和C，用牙签充分搅拌。

涂抹基础彩色凝胶
涂抹凝胶底油，硬化。在甲尖处涂抹1中混好的闪粉凝胶，硬化。

镶嵌亮片
在指尖处均匀地镶嵌亮片D。

（第二行）

涂抹凝胶亮油
在整个指甲上均匀地涂抹凝胶亮油。

金色亮片

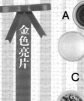

A

B
C

D
E

A：透明凝胶
B：白色闪粉
C、D：金色亮片（大、小）
E、F、G：水钻（红色、极光色、粉色）

涂抹凝胶底油
涂抹凝胶底油，硬化。

涂抹基础彩色凝胶
混合A与B涂在指尖处，制作渐变效果，硬化。

镶嵌亮片
在指甲中心均匀地镶嵌C和D。

涂抹凝胶亮油
均匀地镶嵌E、F、G，最后在整个指甲上均匀地涂抹凝胶亮油，硬化。

亮片法式

A

B
C

A：透明凝胶
B：闪粉
C：极光色亮片

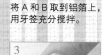

制作闪粉凝胶
将A和B取到铝箔上，用牙签充分搅拌。

涂抹基础彩色凝胶
涂抹凝胶底油，硬化。在指尖处涂抹1中制作的闪粉凝胶，硬化。

（第二行）

镶嵌亮片
在2中涂抹的闪粉凝胶之上，均匀地镶嵌亮片。

涂抹凝胶亮油
在整个指甲上均匀地涂抹凝胶亮油，硬化。

Art Sample

晶莹剔透，
华彩闪耀的民族风美甲

简单的法式美甲只需搭配
闪烁晶莹的亮片，马上变身豪华造型

用亮片制作的奢华心形图案
提升档次

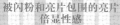

被闪粉和亮片包围的亮片
倍显性感

基本操作过程

●使用材料

 A

 B

C

D

A：米色凝胶；B：金色闪粉；C、D：大小水钻

水钻造型

水钻是光疗美甲中不可或缺的种类。如果在指甲油上面制作，水钻极易脱落，但是如果用凝胶就完全不会有这种烦恼。

1 涂抹凝胶底油
在整个指甲上均匀地涂抹凝胶底油，硬化。

2 涂抹彩色凝胶
涂 A，硬化。此工序重复两遍。

3 在指甲根部涂抹金色
将 B 涂在指甲根部，硬化。

要点

区分选择黏着剂的种类

根据水钻的大小，要区分使用黏着剂。小水钻用凝胶底油即可，大水钻则要采用混合雕花粉才会牢固。

4 镶嵌水钻
薄薄地涂一层凝胶底油，然后镶嵌 C。

5 铺满水钻
在 C 的周围均匀地铺满 D。

6 涂抹凝胶亮油
在整个指甲上均匀地涂抹凝胶亮油，硬化。

东方大理石花纹

 A B C D E F

A、B：粉色凝胶、白色凝胶；C、D、E：方形水钻、银色水钻、蓝色水钻；F：铆钉

1 涂抹基础彩色凝胶
涂抹凝胶底油，硬化。涂 A，硬化。

2 描绘大理石花纹
涂 A，在硬化前滴 B，用细笔描绘大理石花纹，硬化。

3 镶嵌方形水钻
涂一层薄薄的凝胶底油，在指甲中央镶嵌 C。

4 包围水钻
在 3 周围均匀镶嵌 D、E、F。最后用凝胶亮油涂满指甲，硬化。

奢华法式

 A B C D E F

A、B：米粉色凝胶、白色凝胶；C、D、E：红色水钻、蓝色水钻、绿色水钻；F：铆钉

1 涂抹基础彩色凝胶
涂抹凝胶底油，硬化。涂 A，硬化。此工序重复两遍。

2 制作法式
在指尖处涂抹 B，硬化。此工序重复两遍。

3 镶嵌水钻
在指尖处薄薄地涂一层凝胶底油，均匀地镶嵌 C、D、E。

4 镶嵌铆钉
在水钻周围均匀地镶嵌铆钉 F。最后用凝胶亮油涂满指甲，硬化。

异国风情法式

 A B C D

A：红色凝胶；B：金色亮片；C、D：水钻、红色水钻；E：金属小颗粒（薄片）

1 涂抹基础彩色凝胶
涂抹凝胶底油，硬化。用 A 做反法式，硬化。

2 镶嵌金属小颗粒
在反法式的分界线上镶嵌 B。

3 镶嵌水钻
在指甲根部均匀地镶嵌 C、D。

4 涂抹凝胶亮油
在 3 的周围，均匀地镶嵌 C、D、E。最后在整个指甲上涂抹凝胶亮油，硬化。

甜美粉色指甲

 A B C D E

A：乳粉色凝胶；B：银色闪粉；C、D：粉色水钻、银色水钻；E：白色配饰

1 涂抹基础彩色凝胶
涂抹凝胶底油，硬化。涂 A，硬化。此工序重复两遍。

2 摆上闪粉
在指甲中央涂抹 B。

3 镶嵌水钻和配饰
在闪粉至上，均匀地镶嵌 C、D、E。

4 涂抹凝胶亮油
在整个指甲上均匀地涂抹凝胶亮油，硬化。

Art Sample

柔和颜色上大片花朵与绚丽多彩的水钻直扣心弦

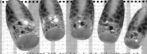

指甲根部的水钻性感无比演绎浓郁的成熟风韵

单调的箭羽图案增加水钻，酷炫十足

指尖上的渐变与水钻交相辉映演绎高贵的成熟魅力

045

贴纸与彩带造型

说到轻松地享受时尚美甲，当属此种造型！不需要自己动手制作彩绘，只需要粘贴这一简简单单的步骤就可以提升时尚度。

基本操作过程

使用材料

A
B
C

A、B：绿色凝胶、浅绿色凝胶；C：彩带

1 涂抹凝胶底油
在整个指甲上均匀地涂抹凝胶底油，硬化。

2 涂抹绿色凝胶
将彩色凝胶A倾斜地涂在指尖处。

3 涂抹浅绿色凝胶
将浅绿色凝胶B倾斜地涂在A的另一侧。

4 切割彩带
将彩带C剪裁成适当的长度。

5 粘贴彩带
将步骤4中裁剪好的彩带贴在绿色凝胶的分界线上。

6 涂抹凝胶亮油
在整个指甲上均匀地涂抹凝胶亮油，硬化。

要点

要充分硬化
此艺术美甲的关键在于粘贴彩带以后要充分硬化。涂抹凝胶亮油以后，如果不充分硬化，在擦拭未硬化的凝胶时彩带就会跟着脱落下来。

打动人心的心形美甲

A
B

C

A：粉色凝胶
B：亮片
C：心形贴纸

1 涂抹基础彩色凝胶
涂抹凝胶底油，硬化。涂A，硬化。此工序重复两遍。

2 镶嵌亮片
薄薄地涂一层凝胶底油，镶嵌B。

3 粘贴纸
用镊子将C粘贴在指尖处。

4 涂抹凝胶亮油
在整个指甲上均匀地涂抹凝胶亮油，硬化。

可爱的蝴蝶

A
B

C

A：粉色凝胶
B：蝴蝶贴纸
C：银色闪粉

1 涂抹凝胶底油
在整个指甲上均匀地涂抹凝胶底油，硬化。

2 涂抹彩色凝胶
涂A，硬化。此工序重复两遍。

3 粘贴纸
粘贴B，均匀地涂抹C。

4 涂抹凝胶亮油
在整个指甲上均匀地涂抹凝胶亮油，硬化。

魅惑红色美甲

A
B

C

A：红色凝胶
B：彩带
C：水钻

1 涂抹凝胶底油
在整个指甲上均匀地涂抹凝胶底油，硬化。

2 涂抹基础彩色凝胶
涂A，硬化。此工序重复两遍。

3 粘贴彩带
以交叉形式粘贴B，在中心位置镶嵌C。

4 涂抹凝胶亮油
在整个指甲上均匀地涂抹凝胶亮油，硬化。

贴纸+彩带的艺术

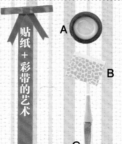

A
B

C

A：米色凝胶
B：贴纸
C：带有细笔的指甲油（银色）

1 涂抹基础彩色凝胶
将凝胶底油涂满全甲，硬化。涂A，硬化。此工序重复两遍。

2 粘贴贴纸
用镊子将B贴到指甲上，务必要使其紧密粘合到指甲上。

3 将贴纸交叉
在与2中的彩带交叉的位置粘贴B。

4 描绘线条
用C均匀地勾勒线条。最后在整个指甲上均匀地涂抹凝胶亮油，硬化。

Art Sample

金色上粘贴花朵贴纸
给人轻松休闲的感觉

玫瑰贴纸非常可爱
整体散发成熟魅力的渐变感觉

柔软丰满的花朵
贴纸给人非常柔和的感觉

通过蕾丝贴纸
重点突出性感的魅惑

基本操作过程

使用材料

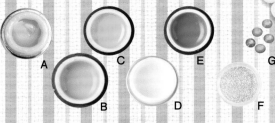

A B C D E F G

A：透明凝胶；B、C、D、E：粉色凝胶、黄色凝胶、白色凝胶、蓝色凝胶；F：银色闪粉；
G：蓝色水钻

闪粉造型

只要在凝胶中加入闪粉，就可以轻松的作出人气闪粉美甲。让我们赶快尝试现如今不可或缺的闪粉造型吧。

要点

1

涂抹基础彩色凝胶

将B、C、D延展到铝箔上，充分硬化。

2

用星形模具制作

将1中的原料放到星形模具中，制作配饰。

3

制作星形配饰

涂抹凝胶底油，硬化。涂E，硬化。此工序重复两遍。

4

涂抹闪粉凝胶

混合A和F制成闪粉凝胶，随意地涂抹在指甲上，硬化。

5

镶嵌配饰

薄薄地涂一层凝胶底油，将2中的配饰镶嵌到指甲上，硬化。

6

涂抹凝胶亮油

镶嵌G，硬化。最后在整个指甲上均匀地涂抹凝胶亮油，硬化。

手动制作闪粉凝胶

只需在透明凝胶中加入喜欢的闪粉，就可以轻松地做出闪粉凝胶。需要注意如果凝胶过少，涂抹起来非常困难。

晶莹闪烁的心形图案

A
B
C

A：粉色凝胶
B：银色闪粉
C：亮片

1

涂抹凝胶底油

在整个指甲上均匀地涂抹凝胶底油，硬化。

2

涂抹彩色凝胶

涂A，硬化。此工序重复两遍。

3

镶嵌亮片

用闪粉B画出心形图案，镶嵌C。

4

涂抹凝胶亮油

在整个指甲上均匀地涂抹凝胶亮油，硬化。

绚丽多彩的闪粉横纹

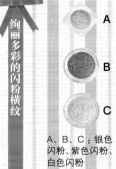

A
B
C

A、B、C：银色闪粉、紫色闪粉、白色闪粉

1

涂抹凝胶底油

在整个指甲上均匀地涂抹凝胶底油，硬化。

2

涂抹银色闪粉

避开指甲根部约1/3的位置涂抹A。

3

涂抹紫色闪粉

在指甲的中心部分涂抹B。

4

涂抹白色闪粉

在指尖处涂抹A，硬化。最后在整个指甲上均匀地涂抹凝胶亮油，硬化。

心形渐变美甲

A
B
C
D
E
F G

A、B、C、D：乳白色凝胶、粉色凝胶、橘色凝胶、紫色凝胶
E：银色闪粉
F：金属小颗粒
G：水钻

1

涂抹基础彩色凝胶

涂抹凝胶底油，硬化。涂彩色凝胶A，硬化。

2

制作心形

用闪粉凝胶E制作心形，硬化。

3

制作渐变

用B、C、D在心形内部制作渐变效果，硬化。反复数次。

4

镶嵌水钻

镶嵌F和G，硬化。在整个指甲上均匀地涂抹凝胶亮油，硬化。

如星光般闪烁的点点图案

A
B
C

A：珠光粉色凝胶
B：绿色闪粉
C：绿色亮片

1

涂抹凝胶底油

在整个指甲上均匀地涂抹凝胶底油，硬化。

2

涂抹彩色凝胶

涂A，硬化。此工序重复两遍。

3

描绘点点

用B描绘点点，为了填补缝隙，在上面镶嵌亮片，硬化。

4

涂抹凝胶亮油

在整个指甲上均匀地涂抹凝胶亮油，硬化。

Art Sample

闪闪发光的指甲
令心情也随之兴奋

绿色和金色搭配的成熟美甲

典雅的美甲搭配指尖的
闪粉更增加了一分华丽

闪粉的光泽与亮度酷炫无比，
菱形方格也增加了整体的力量感

彩绘造型

在做好的彩绘上面如果涂一层透明凝胶，不仅可以增加光泽度，还可以使美甲效果得到长久保持，建议采用此种美甲方法。赶快来尝试吧！

基本操作过程

使用材料

A　　B　　C　　D　　E

A：粉色凝胶
B、C、D、E：白色丙烯颜料、黄色丙烯颜料、浅蓝色丙烯颜料、粉色丙烯颜料

1 涂抹基础彩色凝胶
涂抹凝胶底油，硬化。涂A，硬化。此工序重复两遍。

2 用白色描绘小花朵
用B从花心部位向外侧延伸，做出花瓣形状。

3 用黄色描绘小花朵
如图所示，在2的花朵旁边，用C描绘花朵。

4 用浅蓝色描绘小花朵
如图所示，在步骤3的花朵旁边，用D描绘花朵。

5 用粉色描绘小花朵
用B和E画出花心部位。

6 涂抹凝胶亮油
在整个指甲上均匀地涂抹凝胶亮油，硬化。

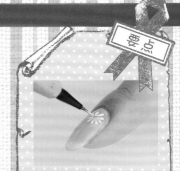

要点

制作精细造型时要将笔刷立起

想要画出漂亮的花瓣，关键在于要将笔立起操作。如果将笔放平操作，画出的线就会很粗。

酷炫线条艺术

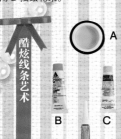
A

B　　C

D

A：粉色凝胶
B、C：白色丙烯颜料、浅蓝色丙烯颜料
D：带有细笔的银色指甲油

1 涂抹基础彩色凝胶
涂抹凝胶底油，硬化。涂A，硬化。此工序重复两遍。

2 描绘线条
用B描绘两条波浪形线条。

3 描绘线条②
在用B画出的两条线条之间，用C再画一条。

4 涂抹凝胶亮油
用D在步骤2与步骤3的线条之间再画一条。最后将凝胶亮油涂满指甲，硬化。

花朵法式

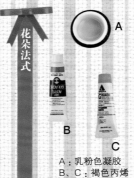
A

B

C

A：乳粉色凝胶
B、C：褐色丙烯颜料、白色丙烯颜料

1 涂抹基础彩色凝胶
涂抹凝胶底油，硬化。涂A，硬化。此工序重复两遍。

2 在指尖绘小花朵
用B在指尖处描绘小花朵。

3 描绘点点图案
用C分别在花心部位和花朵周围描绘点点图案。

4 涂抹凝胶亮油
在整个指甲上均匀地涂抹凝胶亮油，硬化。

彩绘方格花纹法式

A

B

C

D

A、B：白色凝胶、米色凝胶
C：白色丙烯颜料、黑色丙烯颜料、红色丙烯颜料
D：极光色水钻

1 涂抹基础彩色凝胶
涂抹凝胶底油，硬化。涂A，硬化。此工序重复两遍。

2 制作法式
将B涂抹在指尖部位，硬化。

3 描绘方格花纹
用C在指尖部位描绘方格花纹。

4 涂抹凝胶亮油
将D镶嵌在法式分界线处，最后将凝胶亮油涂满指甲，硬化。

成熟花朵样式

A

B

C

A：乳粉色凝胶
B、C：白色丙烯颜料、黄色丙烯颜料

1 涂抹基础彩色凝胶
涂抹凝胶底油，硬化。涂A，硬化。此工序重复两遍。

2 描绘花朵样式
用B描绘花朵和叶子。

3 描绘点点图案
用C均匀地画出点点图案。

4 涂抹凝胶亮油
在整个指甲上均匀地涂抹凝胶亮油，硬化。

Art Sample

古朴典雅的颜色让指甲充实丰富

性感的黑色玫瑰带来视觉冲击

丰富多彩的颜色尽显可爱清爽的蜜蜂图案美甲

在大理石花纹上畅游的彩绘金鱼巧妙无比

基本操作过程

使用材料

A：珠光粉色凝胶
B、C、D：带细笔的指甲油（白色、黑色、银色）

指甲油彩绘

用手边的指甲油挑战彩绘！最后涂上凝胶亮油，颜色不易脱落，还可以长久保持可爱的美甲效果。

1

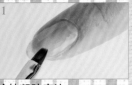

涂抹凝胶底油
在整个指甲上均匀地涂抹凝胶底油，硬化。

2

涂抹彩色凝胶
涂 A，硬化。此工序重复两遍。

3

用白色指甲油描绘线条
用白色指甲油 B 画出流线型线条。

4

用黑色指甲油描绘线条
用黑色指甲油 C 在白色线条旁边描绘线条。

5

用银色指甲油描绘线条
在白色线条与黑色线条之间，用银色指甲油 D 描绘线条。

6

涂抹凝胶亮油
在整个指甲上均匀地涂抹凝胶亮油。

如果准备带细笔的指甲油就会更方便

制作指甲油彩绘时如果能够准备带细笔的指甲油将会非常方便，即使是非常细微的地方，也能涂抹得非常漂亮。无需像丙烯颜料般准备笔刷，非常方便简单。

海军蓝横纹

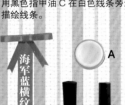

A

B C

A：白色凝胶
B、C：浅蓝色指甲油、蓝色指甲油

1

涂抹基础彩色凝胶
涂抹凝胶底油，硬化。涂 A，硬化。此工序重复两遍。

2

描绘横纹
用 B 画出线条，做出横纹效果。

3

制作 W 横纹
在 2 画出的横纹旁边，用 C 描绘横纹，等其干透。

4

涂抹凝胶亮油
在整个指甲上均匀地涂抹凝胶亮油，硬化。

蝴蝶结法式

A

B

C

A：粉色凝胶
B：银色指甲油
C：蓝色水钻

1

涂抹基础彩色凝胶
涂抹凝胶底油，硬化。涂 A，硬化。此工序重复两遍。

2

制作异形法式
用 B 在指尖上画出蝴蝶结轮廓。

3

牵引线条
如图所示，用 B 牵引线条，画出艺术效果。

4

镶嵌水钻
在中心部位镶嵌水钻。涂抹凝胶亮油，硬化。

上等闪粉法式

A

B C

A：珠光粉色凝胶
B、C：小颗粒闪粉指甲油，大颗粒闪粉指甲油

1

涂抹基础凝胶底油
涂抹凝胶底油，硬化。涂 A，硬化。此工序重复两遍。

2

在指尖处涂抹闪粉
在指尖处涂抹 B，等其干透。

3

制作渐变效果
从距离指甲根部 1/3 的位置到指尖的部位涂抹 C，等其干透，做出渐变效果。

4

涂抹凝胶亮油
在整个指甲上均匀地涂抹凝胶亮油，硬化。

豪华大理石条纹

A

B

C D

A：粉色凝胶
B、C、D：白色指甲油、红色指甲油、闪粉指甲油

1

涂抹基础彩色凝胶
涂抹凝胶底油，硬化。涂 A，硬化。此工序重复两遍。

2

滴出点点图案
用 B 和 C 按照描绘点点图案的方法在指甲上滴出点点样式。

3

制作大理石花纹
用刮刀以画圈的形式混合指甲油，等其干透。

4

涂抹凝胶亮油
随意涂抹 D。最后在整个指甲上均匀地涂抹凝胶亮油，硬化。

Art Sample

如烟花般炫目的孔雀花纹

鲜艳的紫色与精细的图案堪称绝妙

与和服完全相称的高雅大理石花纹

鲜艳明亮的粉色与白色结合，演绎可爱风

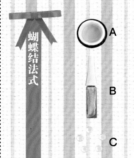

大配饰造型

大配饰造型当中不可或缺的配饰虽然可爱，但是极易脱落。如果采用凝胶，这种烦恼将不会再有。

基本操作过程

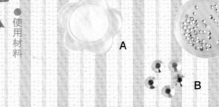

使用材料

A：白色闪粉；B、C：大水钻、小水钻；D：圆环

涂抹凝胶底油
在整个指甲上均匀地涂抹凝胶底油，硬化。

涂抹彩色凝胶
薄薄地涂一层凝胶底油，用A制作渐变效果。

镶嵌水钻
涂抹凝胶底油，镶嵌水钻B。

镶嵌水钻②
涂抹凝胶底油，均匀地镶嵌水钻C。

镶嵌圆环
以覆盖水钻的方式，镶嵌D。

涂抹凝胶亮油
在整个指甲上均匀地涂抹凝胶亮油，硬化。

保持水钻光泽的内部技术

如果将凝胶亮油涂抹在配饰之上，既不容易脱落，而且光泽也不会被埋没。如果能够以覆盖水钻间隙的方法涂抹凝胶亮油，就能保持光泽度，而且不易脱落，建议采用这种方法。

可爱猫咪

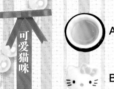

A：粉色凝胶
B：猫咪配饰
C：水钻

涂抹凝胶底油
在整个指甲上均匀地涂抹凝胶底油，硬化。

涂抹彩色凝胶
涂A，硬化。

镶嵌配饰
薄薄地涂一层凝胶底油，在指甲正中间镶嵌B。

涂抹凝胶亮油
在指尖和指甲根部分别镶嵌C，最后将凝胶亮油涂满全甲，硬化。

彩虹星空

A：白色凝胶
B：星星配饰

涂抹凝胶底油
在整个指甲上均匀地涂抹凝胶底油，硬化。

涂抹彩色凝胶
涂A，硬化。此工序重复两遍。

镶嵌星星配饰
薄薄地涂一层凝胶底油，均匀地镶嵌B。

涂抹凝胶亮油
在整个指甲上均匀地涂抹凝胶亮油，硬化。

V切割面大水钻

A：珠光粉色凝胶
B：水晶雕花粉
C：水晶液
D：V切割面水钻

涂抹凝胶底油
在整个指甲上均匀地涂抹凝胶底油，硬化。

涂抹彩色凝胶
涂A，硬化。

制作混合雕花粉
混合B和C，制作混合雕花粉，涂在指甲根部。

镶嵌配饰
在3上镶嵌D，涂凝胶亮油，均匀地镶嵌E，硬化。

闪烁蝴蝶结

A：粉色凝胶
B：蝴蝶结配饰

涂抹凝胶底油
在整个指甲上均匀地涂抹凝胶底油，硬化。

涂抹彩色凝胶
涂A，硬化。此工序重复两遍。

镶嵌配饰
薄薄地涂一层凝胶底油，镶嵌B。

涂抹凝胶亮油
在整个指甲上均匀地涂抹凝胶亮油，硬化。

Art Sample

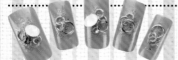

050 用于派对场合的成熟美甲

豪华的指尖散发十足光芒大大的配饰非常性感

星星与笑脸，给人格外精神的感觉

滚圆的水钻与大理石花纹结合给人清爽愉悦的感觉

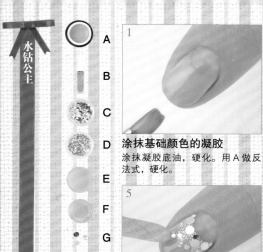

水钻公主

A：米粉色凝胶；
B：带细笔的银色指甲油；C、D：大小亮片；E：水晶雕花粉；F：水晶液、V切面水钻

1 涂抹基础颜色的凝胶
涂抹凝胶底油，硬化。用 A 做反法式，硬化。

2 涂抹闪粉
在法式分界处涂 B。

3 制作渐变效果
在法式分界线到指尖的部位薄薄地涂一层 B，做出渐变效果。

4 镶嵌亮片
薄薄地涂一层凝胶底油，在法式分界处镶嵌 C。

5 追加亮片
在 C 的周围均匀地镶嵌亮片 D。

6 制作混合雕花粉
用 E 和 F 制作混合雕花粉，涂在指甲根部。

7 镶嵌水钻
在混合雕花之上，均匀地镶嵌 G。

8 涂抹凝胶亮油
在整个指甲上均匀地涂抹凝胶亮油，硬化。

服饰用品美甲

A、B：米色凝胶、米粉色凝胶；C：带细笔的金色指甲油；D：水晶雕花粉；E：水晶液；F：包包配饰；G：水钻

1 涂抹基础彩色凝胶
涂抹凝胶底油，硬化。在指尖处倾斜地涂抹 A，硬化。

2 制作反法式
在 A 的对立面涂 B，硬化。

3 勾勒金边
在反法式的分界线处，用 C 勾勒金边。

4 用混合雕花粉填满配饰的内侧部分
用 D 和 E 制作混合雕花粉，用 E 填满配饰的内侧部分。

5 在指甲根部放置混合雕花粉
将 4 中混好的雕花粉放在指甲根部。

6 镶嵌配饰
将 F 镶嵌到混合雕花粉之上。

7 镶嵌水钻
薄薄地涂一层凝胶底油，将 G 倾斜地镶嵌在指尖处。

8 涂抹凝胶亮油
在整个指甲上均匀地涂抹凝胶亮油，硬化。

迷人的水钻美甲

A、B、C、D：米色凝胶、橘色凝胶、白色凝胶、古铜色凝胶；E：链条状水钻；F：圆环

1 涂抹基础彩色凝胶
涂抹凝胶底油，硬化。涂 A，硬化。此工序重复两遍。

2 点涂橘色凝胶
在指甲中央随意涂 B。

3 点涂白色凝胶
在橘色的周围随意点涂白色凝胶。

4 点涂粉色凝胶
在白色的周围随意点涂粉色凝胶。

5 描绘大理石花纹
用刮刀混合彩色凝胶，描绘出大理石花纹样式，硬化。

6 涂抹凝胶底油
在整个指甲上涂抹足够的凝胶底油。

7 镶嵌配饰
均匀地镶嵌 E。

8 镶嵌圆环
在指甲根部镶嵌 F，在整个指甲上均匀地涂抹凝胶亮油，硬化。

3D 浮雕造型

您是否知晓如水晶般的 3D 造型也可以用凝胶制作？凝胶的魅力在于硬化之前不会固定，可以放心制作。让我们赶快来尝试 3D 浮雕造型吧！

A　B　C　D

A：粉色凝胶；B：3D用清洁剂；C、D：3D用凝胶（白色、黄色）

涂抹基础彩色凝胶
涂抹凝胶底油，硬化。涂A，硬化。

放置 3D 用凝胶
用含B的笔蘸取C，放在指尖部位。

制作花瓣
用笔尖从外侧向内侧涂抹，做出一片花瓣。

制作花朵
按照同样的方法，做出五朵花瓣，硬化。

制作花心
用含B的笔蘸取D，放在花心位置。

涂抹凝胶亮油
在整个指甲上均匀地涂抹凝胶亮油,硬化。

要点

彩色凝胶的制作方法
用于制作 3D 艺术的彩色凝胶只有与专门的清洁剂混合，才能从固状变为如水晶般松软的状态。3D 造型用凝胶与清洁剂的配比极为重要，要反复练习，直到调配出最适合操作的硬度。

摩洛哥风情美甲

A、B、C：白色凝胶、蓝色凝胶、粉色凝胶；D：3D用清洁剂；E：3D用凝胶（蓝色）；F：黑色凝胶；G：金属小颗粒；H：极光色水钻

涂抹基础凝胶
涂抹凝胶底油，硬化。用A制作反法式，硬化。用B制作渐变效果，硬化。

放置 3D 用凝胶
混合C和D，放到指甲根部，调整为椭圆形。

描绘样式
在纸巾上滴一些2中做好的3D用凝胶，轻扣在指甲上以做出具体样式。

涂抹凝胶亮油
在整个指甲上均匀地涂抹凝胶亮油，硬化。

快乐的笑脸图案

A：白色凝胶；B：3D用清洁剂；C：3D用凝胶（黄色）；D、E：黑色凝胶、粉色凝胶；F、G：水晶、粉色水钻

涂抹基础凝胶底油
涂抹凝胶底油，硬化。在指尖涂抹A，硬化。

制作笑脸图案
用B和C制作笑脸图案的基台，硬化。

描绘脸部神情
用D描绘笑脸图案的眼睛和嘴，用E描绘脸颊，硬化。

镶嵌水钻
在法式的分界处均匀地镶嵌F和G。在整个指甲上均匀地涂抹凝胶亮油，硬化。

闪烁发光的山包

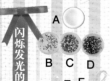

A：白色凝胶；B、C、D：极光色水钻、粉色水钻、蓝色水钻；E：配饰；F：银色球状锁链；G：3D用清洁剂；H：透明凝胶

涂抹基础凝胶底油
涂抹凝胶底油，硬化。用A在指甲中心涂一个圆形，硬化。

镶嵌水钻
薄薄地涂一层凝胶底油，在2的圆形上镶嵌B、C、D、E，用F围起来。

制作山包
在圆形中放置足量的H，硬化。此工序重复数次。

涂抹凝胶亮油
避开山包位置涂抹凝胶亮油，硬化。

松软的心形图案

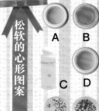

A：乳粉色凝胶；B：粉色凝胶；C：3D用清洁剂；D：3D用凝胶（粉色）；E、F：水晶、粉色水钻

涂抹基础彩色凝胶
涂抹凝胶底油，硬化。在整个指甲上涂抹A，硬化。用B做出渐变效果，硬化。

制作心形的半个图形
混合C和D放置在指甲侧边，斜向延伸，做出心形的半边。

制作心形图案
与2的方法相同，在相反的一侧做出半个心形，硬化。

镶嵌水钻
均匀地镶嵌水钻，最后在整个指甲上均匀地涂抹凝胶亮油，硬化。

Art Sample

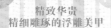

精致华贵
精细雕琢的浮雕美甲

超大立体山蜂，吸引眼球

笑脸融合在五光十色的水钻中，尽显华丽

同样的样式也显得妩媚，花朵更是尽显可爱娇羞

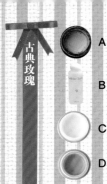

古典玫瑰

A：米色凝胶；B：3D 用清洁剂；C、D：3D 用凝胶（白色、粉色）；E：金色亮片

1

涂抹基础颜色的彩色凝胶

涂抹凝胶底油，硬化。涂 A，硬化。此工序重复两遍。

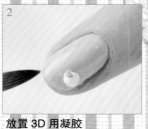

2

放置 3D 用凝胶

混合 B 与 C，放置在指甲中心部位，并将表面中心压凹，混合 B 和 D，放置在椭圆形中心。

3

制作一片花朵

将 2 从中心部位向外侧延展，制作花瓣。

4

制作第一阶段的花瓣

与 3 的方法相同，制作两片花瓣。

5

重叠花瓣

在步骤 4 做好的花瓣上，制作小一点的花瓣

6

制作第二阶段的花瓣

与 5 的方法相同，再制作亮片花瓣。

7

制作花心

混合 B 和 C，放在花心部位，用牙签打个孔。

8

镶嵌亮片

在花朵周围均匀地镶嵌亮片 E。在整个指甲上涂抹凝胶亮油，硬化。

可爱玫瑰

A、B：粉色凝胶、白色凝胶；C：3D 用清洁剂；D、E、F：3D 用凝胶（粉色、浅绿色、蓝色）

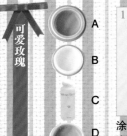

1

涂抹基础颜色的彩色凝胶

涂抹凝胶底油，硬化。涂 A，硬化。用 B 制作渐变法式。

2

制作一枚花瓣

混合 C 和 D，放在指尖处，做出凹陷。

3

制作第二枚花瓣

与 2 的方法相同，再制作一枚花瓣。

4

制作第三枚花瓣

与 3 的方法相同，再制作一枚花瓣。

5

在最中间的花瓣上开个孔

同理重叠花瓣，用牙签在中心位置开孔。

6

制作花叶

混合 C 和 E，做出叶子的形状。

7

制作花脉

在叶子中心画一条纵线，制作花脉。

8

涂抹凝胶亮油

混合 C 和 F，与 7 的方法相同制作花叶。最后在整个指甲上均匀地涂抹凝胶亮油，硬化。

透露着少女情怀的蝴蝶结

A：白色凝胶；B：3D 用清洁剂；C、D：3D 用凝胶（黄色、粉色）、E、F、G：水钻（粉色、蓝色、金色）

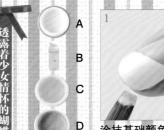

1

涂抹基础颜色的彩色凝胶

涂抹凝胶底油，硬化。用 A 在指尖处制作反法式。

2

放置 3D 用凝胶

混合 B 与 C，放在反法式的分界处，调整为三角形。

3

制作三角形

与 2 的方法相同，在相反一侧也制作一个三角形。

4

重叠三角形

混合 B 与 D，在黄色三角形上，做一个稍小的三角形。

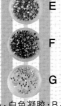 

5

描绘蝴蝶结的褶皱纹路

用小木棒描出蝴蝶结的褶皱纹路。

6

制作蝴蝶结的下垂丝带

混合 B 与 D，在指尖处制作蝴蝶结的下垂丝带。

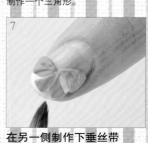

7

在另一侧制作下垂丝带

与 6 的方法相同，在反方向制作另一条下垂丝带。

8

涂抹凝胶亮油

在指甲根部镶嵌 E、F、G，在整个指甲上均匀地涂抹凝胶亮油，硬化。

立体 3D 造型

手工制作镶嵌在指甲上的配饰，尝试 3D 造型。如果使用模型或者模具会使制作过程变得意想不到的简单。

使用材料

基本操作过程

A   B   C   D   E

A、B、C、D、E：黑色凝胶、黄色凝胶、橘色凝胶、粉色凝胶、浅绿色凝胶；F：亮片

1 涂抹基础凝胶
涂抹凝胶底油，硬化。涂 A，硬化。此工序重复两遍。

2 将彩色凝胶放入模具内
将 B、C、D 放入硅制的模具中，硬化。

3 制作配饰
当 2 的配饰固定好以后，从模具中取出。

4 镶嵌配饰
薄薄地涂一层凝胶亮油，用镊子夹住步骤 3 中做好的黄色配饰，镶嵌到指甲上。

5 排列配饰
将所有的星型配饰均匀地镶嵌到指甲上。

6 涂抹凝胶亮油
均匀地镶嵌 F，在整个指甲上均匀地涂抹凝胶亮油，硬化。

要点

制作漂亮的星星配饰的方法

自行制作难度较高的配饰时可以借助硅制的模具。制作方法非常简单，只需要向模具中加入凝胶，硬化即可。建议采用这种方法制作配饰。

清爽的 W 星星

A
B
C
D

A、B：浅蓝色凝胶、白色凝胶；C：水钻；D：金属小颗粒

1 涂抹基础彩色凝胶
涂抹凝胶底油，硬化。涂 A，硬化。此工序重复两遍。

2 制作配饰
将 B 放入硅制的模具中，做出配饰形状并取出。

3 镶嵌配饰
薄薄地涂一层凝胶底油，镶嵌步骤 2 中做好的配饰。

4 镶嵌水钻
在配饰上薄薄地涂一层凝胶底油，将 C 和 D 均匀地镶嵌在上面，硬化。

POP 星星配饰

A
B
C
D
E
F

A：乳粉色凝胶；B：白色凝胶；C：黄色凝胶；D：蓝色凝胶；E：水钻；F：金属小颗粒

1 涂抹基础彩色凝胶
涂抹凝胶底油，硬化。涂 A，硬化。此工序重复两遍。

2 制作配饰
将 B、C、D 涂在铝箔上，硬化。用模具抠出星星形状。

3 镶嵌配饰
薄薄地涂一层凝胶底油，将 2 中做好的配饰和 E、F 均匀地镶嵌到指甲上。

4 涂抹凝胶亮油
在整个指甲上均匀地涂抹凝胶亮油，硬化。

童话般的立体花朵

A
B
C
D
E
F

A、B、C：浅蓝色凝胶、白色凝胶、粉色凝胶、D、E、F：银色水钻、蓝色水钻、粉色水钻

1 涂抹基础彩色凝胶
涂抹凝胶底油，硬化。用混合 A 和 B 得到的颜色制作反法式，硬化。

2 制作配饰
将 B 和 C 分别取到铝箔上，硬化。抠出心形图案。

3 镶嵌粉色凝胶
将 2 中制作的粉色心形图案排列成花瓣形状，硬化。

4 镶嵌白色配饰
将 2 中制作的白色配饰镶嵌到指甲上，涂抹凝胶亮油，硬化。

心形花朵

A
B
C

A、B：白色凝胶、粉色凝胶；C：水钻

1 涂抹基础彩色凝胶
涂抹凝胶底油，硬化。涂 A，硬化。此工序重复两遍。

2 制作配饰
将 B 和 C 涂在铝箔上，硬化。

3 组合配饰
从 2 中抠出心形图案，将心形的角对起来，在心尖位置涂抹凝胶底油，硬化。

4 镶嵌配饰
薄薄地涂一层凝胶底油，将 3 中的配饰镶嵌到指甲上，在配饰的中心位置镶嵌 D，硬化。

Art Sample

成熟的颜色上搭配立体蝴蝶结增添了一份甜美

极光色的夜空中，星光闪烁

采用多种蕾丝元素凸显可爱

立体花朵着重强调了清爽的感觉

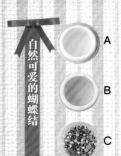

A
B
C

A、B：白色凝胶、粉色凝胶；
C：粉色水钻

1 涂抹基础颜色的彩色凝胶
涂抹凝胶底油，硬化。涂 A，硬化。此工序重复两遍。

2 描绘横纹
用 B 描绘横纹，硬化。

3 涂抹粉色凝胶
将 B 涂到铝箔上，临时硬化。折成凹形，硬化。

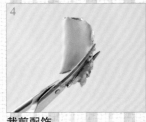

4 裁剪配饰
用剪刀将铝箔剪成三角形，做两个三角形配饰。

5 组合配饰
在各配饰的前端涂抹凝胶底油，将各个配饰粘合到一起。

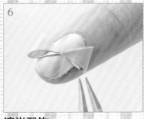

6 镶嵌配饰
薄薄地涂一层凝胶底油，将配饰镶嵌到指甲上。

7 镶嵌水钻
在蝴蝶结的中心镶嵌 C。

8 涂抹凝胶亮油
在整个指甲上均匀地涂抹凝胶亮油，硬化。

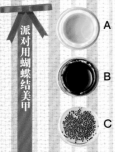

A
B
C

A、B：米色凝胶、黑色凝胶；C：铆钉

1 涂抹基础颜色的彩色凝胶
涂抹凝胶底油，硬化。涂 A，硬化。此工序重复两遍。

2 制作法式
在指尖处涂 B，硬化。

3 制作配饰
将 B 涂到铝箔上，临时硬化。折成凸形，硬化。

4 裁剪配饰
剥离铝箔，将凝胶裁剪为四个 3mm 宽的形状。

5 制作圆环
从 4 中做好的丝带状配饰中取两个，在其前端涂抹凝胶亮油，做成环状。

6 组合配饰
剩余两个配饰需要裁剪，并将所有配饰组合到一起，做成蝴蝶结。

7 粘贴配饰
薄薄地涂一层凝胶底油，将配饰镶嵌到指甲根部。

8 镶嵌铆钉
将 C 镶嵌到丝带的连接处。在整个指甲上均匀涂抹凝胶亮油，硬化。

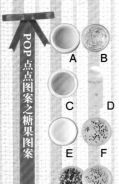

A   B
C   D
E   F
G

A：浅蓝色凝胶；
B：银色闪粉；C：3D 用粉色凝胶；
D：3D 用清洁剂；
E：白色凝胶；F：银色水钻；G：粉色水钻

1 涂抹基础颜色的彩色凝胶
涂抹凝胶底油，硬化。涂 A，硬化。此工序重复两遍。

2 涂抹闪粉
涂 B，硬化。

3 涂抹 3D 用凝胶
将 C 涂到铝箔上，做出两个三角形，临时硬化。

4 折成凹状
折成凹状，硬化。

5 放置 3D 用凝胶
混合 C 与 D，用笔刷调整为圆形，放到指甲中心。

6 粘贴配饰
将 4 中做出的配饰分别粘到圆形两侧。

7 描绘点点图案
用 E 在配饰上均匀地画出点点图案。

8 镶嵌水钻
在配饰周围均匀地镶嵌水钻。

水晶光疗美甲

想拥有水晶美甲的硬度，同时又想拥有光疗甲的光泽，那么建议学习结合水晶美甲与光疗美甲的技术。

操作过程

1 打磨指甲表面
用指甲锉打磨指甲表面，使其变得粗糙。

2 配戴指托
与黄线吻合，配戴指托。

3 涂抹平衡剂
涂抹平衡剂，除去指甲表面的水分和油分。

4 放置第一滴
在指尖处放置足量的凝胶底油，制作自由边。

5 调整侧边
用笔尖调整侧边形状。

A：指托；B：指甲锉；C：平衡剂；D：水晶液；E：水晶雕花粉；F：凝胶清洁剂；G：营养油

1 用指甲锉打磨 ▶▶▶ 2 配戴指托 ▶▶▶ 3 涂抹平衡剂

用指甲锉打磨
用指甲锉打磨整个指甲，使其变得粗糙。

配戴指托
与黄线吻合，安装指托。

增强人工甲的密着性
在自然甲部分涂抹平衡剂，除去甲面的水分和油分。

从侧面看到的样子
指托与指甲之间需要严丝合缝，这一点非常重要。和光疗美甲相同，如果存有缝隙就无法做出漂亮的自由边，需要注意。

4 放置第一滴 ▶▶▶ 5 调整侧边 ▶▶▶ 6 放置第二滴

制作自由边
在指尖部位放置混合雕花粉，按照指甲形状延展。

调整指甲的前端
将笔横过来，用笔尖调整指甲前端的形状。

调整侧边
纵向拿笔，按照从指甲根部到指尖的位置，调整侧边形状。

延展混合雕花粉
将混合雕花粉放到自由边与甲床的分界处，延展到指甲中心。

混合雕花粉的制作方法
用浸透了水晶液的笔蘸取雕花粉，做出球状混合雕花粉。水晶液与水晶雕花粉的蘸取量是整个制作过程的关键所在，过硬过软都不可以，所以要勤加练习，直到做出适当的硬度。

7 配戴指甲夹，做出C字弧度 ▶▶▶ 8 调整形状

放置第三滴
在指甲中心位置放置混合雕花粉，延展到指甲根部。

放置弧度棒
把弧度棒放置在甲片下，做出C字弧度。

按压承压点
用手指按压指甲两侧的承压点。

调整前端形状
将指甲锉放在与指甲前端呈平行位置，按照一定的方向打磨指甲，调整形状。

6 放置第二滴
将混合雕花粉放置在甲床上，向甲床方向延展。

7 配戴指甲夹，做出 C 字弧度
用食指按压指甲两侧的承压点，做出 C 字弧度。

8 调整形状
用指甲锉调整指尖的形状。

9 打磨甲面
用指甲锉打磨指甲表面，使其变得粗糙。

10 清扫粉尘
用粉尘刷扫掉粉尘。

11 涂抹凝胶底油
在整个指甲上均匀地涂抹凝胶底油，硬化。

12 涂抹凝胶亮油
在整个指甲上均匀地涂抹凝胶亮油，硬化。

13 擦拭未硬化的凝胶
用蘸有凝胶清除剂的擦拭纸擦掉未完全硬化的凝胶。

14 涂抹营养油
在指甲根部涂抹营养油，延展到整个指缘皮周围。

9 打磨甲面

10 清扫粉尘

11 涂抹凝胶底油

调整侧边形状
将指甲锉放在与指甲侧边呈平行位置，按照一定方向打磨指甲，调整形状。

打磨甲面
使用指甲锉打磨指甲表面，使其变得粗糙。

清扫粉尘
用粉尘刷扫掉粉尘。

涂抹凝胶底油
在整个指甲上均匀涂抹凝胶底油，硬化。

打磨甲面
水晶甲用凝胶封层时，为了增加密着性，一定要打磨指甲表面。如果省略这一过程，凝胶就很容易脱落，需要格外注意。

使效果长久保持
如果要进行喷枪造型或者镶嵌水钻，需要在这一时机实施。做完造型以后用凝胶封层，就可以使图案长久保持，水钻也不易脱落。

12 涂抹凝胶亮油

涂抹凝胶亮油
在整个指甲上均匀地涂抹凝胶亮油，硬化。

完成

侧面

正面

前端

13 擦拭未硬化的凝胶

14 涂抹营养油

擦拭未硬化的凝胶
用蘸有凝胶清除剂的擦拭纸擦掉未完全硬化的凝胶。

涂抹营养油
在指甲根部涂抹营养油，延展到整个指缘皮上。

057

西安 蒋云飞® 美甲培训学校

学校介绍

西安蒋云飞美甲培训学校是西北地区较早开展专业美甲技术培训的教学机构，由西北地区美甲教育的先行者蒋云飞先生创建。经过多年的发展，学校以其认真严谨的教学态度，精湛绝伦的技术，广受赞誉的口碑，成为西北美甲技术培训的一面旗帜。学校技术力量雄厚，现有教师全部具有人力资源和社会保障部技师资质。

学校本着以美甲技术培训为主导，形象化妆共同发展的原则，突出美甲化妆在个人形象设计方面的重要作用与地位。作为传播美学艺术的培训基地，办校以来，在上级主管部门的领导下，西安蒋云飞美甲培训学校不仅在教育培训领域成绩斐然，取得了一个又一个的殊荣。更为重要的是，为社会培养输送了一大批相关专业人才，他们中的许多人已经成功实现了创业梦想，拥有了个人的事业，为社会创造着价值与财富，并实现着自身的人生价值。

学校地址：陕西西安市东大街端履门十字向南50米东柳巷太和广场720

联系电话：（029）87268227　13319189360

联系QQ：743797448　　学校网址：www.jiangyunfei.com

技能比武

开店扶持

光疗美甲

产品供应商

本书将为大家挑选介绍 9 家备受瞩目的美甲产品供应商。从使用方法到颜色变换，一一介绍供应商的各种特征，建议多多尝试，找出最适合您的一款产品。

- Angel（天使）
- Sunshine Babe（阳光宝贝）
- Jewelry Gel（珠宝凝胶）
- Bio Sculpture Gel（自然雕塑凝胶）
- Rapi Gel（瑞庇凝胶）

- Calgel（卡洁尔）
- Gelish（格丽）
- Tammy Taylor（泰咪·泰勒）
- Para Gel（帕拉凝胶）

Angel（天使）

Angel（天使）根据不同使用方法，拥有极强的可塑性，其公道的价格也很吸引人。

小贴士

小型钢琴外形的紫外线灯全新登场。灯管不需要更换，消耗很少的电量，但效果毫不逊色于 36w 的紫外线灯（公司内部比），是冷阴极管类型的紫外线灯。由于其照射能力固定，所以可以稳定硬化，不会出现斑驳。反射管可以拆卸，因此也可用于美足。

玫瑰凝胶彩绘，给人奢华的感觉。

1
做好指甲的前期护理以后，配戴指托。

7
用笔尖混合打乱步骤 6 中涂抹的颜色，做出大理石花纹，硬化。

2
涂抹透明凝胶 A，放在 E 下硬化。

要点 1

8
混合黄色、红色和黑色凝胶。

土井惠里 **小姐**

善于制作优雅系、可爱系、严肃系作品，并可创作复杂的款式，在 Nail For All（人人美甲）和 Angel（天使）做培训人员，备受欢迎。

3
用硬凝胶 B 做出延长甲，硬化。

9
用 8 中做出的颜色描绘玫瑰图案，硬化。

要点

要点 2 通过混合彩色凝胶可以做出原创颜色

通过混合各种彩色凝胶，可以做出自己喜爱的原创颜色。也可与闪粉、颜料等混合。

4
涂抹米色凝胶 C，硬化。

10
混合透明凝胶 A 与金色闪粉 G。

要点 1 可以制作对硬度有要求的凝胶延长甲

采用 rupture（决裂）硬凝胶，可以制作对强度有要求的延长甲，对喜爱长指甲的人来说再适合不过。

要点 3 Angel（天使）与 rupture（决裂）的混合诀窍

基础部分采用闪粉凝胶，自由边和整体上采用透明色硬凝胶，这样就可做出可以长久保持又易于卸除的美甲，建议采用此种方法。

5
再涂一遍米色凝胶 C。

11
在 9 中画出的玫瑰下方，用 10 中做出的颜色描绘地锦，硬化。

要点 3

材料

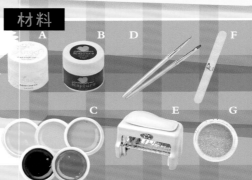

A：适用于任何指甲的可卸凝胶 Angel Builder 透明凝胶；B：可以增加长度的 rupture 透明硬凝胶；C：颜色非常丰富的 Angel 软凝胶（焦糖玛奇朵、霓虹灯黄色、粉色、红色、黑色）；D：使用起来非常流畅简单的凝胶刷（艺术凝胶笔）；E：外观非常可爱的钢琴形凝胶灯；F：Prime 斑马指甲锉；G：可以增添成熟韵味，增加光泽的金色闪粉

6
将黄色凝胶、粉色凝胶随意涂抹在指甲上。

12
在整个指甲上均匀地涂抹透明凝胶 B，硬化后就完成了。

※ 以上均为 Nail For All（人人美甲）的商品

Calgel（卡洁尔）

即使说 Calgel（卡洁尔）是可卸凝胶的标准也毫不为过。拥有便利性，光泽度好，是可以满足任何要求的佳品。

在丰富多彩的底色上镶嵌 3D 凝胶花朵，栩栩如生。

田贺美玲 小姐

Calgel（卡洁尔）的总部 MOGA·BROOK Nail Academy 校长。作为 Calgel（卡洁尔）的顶级指导，面向全世界的美甲操作人员传授指甲油的使用方法，活跃在世界舞台上。

1 混合橘色、黄色、白色凝胶。

2 混合蓝色、绿色、白色凝胶。

要点1
3 混合粉色与白色凝胶。

4 涂抹透明凝胶 A，硬化。将 1 中做出的颜色涂抹在指缘皮周围。

5 将 4 中涂抹的凝胶擦成自己喜欢的形状，在不硬化的情况下开始 6 的操作。

要点2
6 将 2 中制作的凝胶涂在与 5 中的形状相连的位置。

7 使用笔尖将 6 中的凝胶调整为自己喜欢的形状。

8 反复 4~7 的过程，放在紫外线灯下硬化。

9 用彩色凝胶在调色板上做出圆形，硬化。

10 薄薄地涂一层 A，将 9 中制作的圆点以花形排列到指甲上，硬化。

11 在整个指甲上均匀地涂抹凝胶亮油，硬化。

要点3
12 将用彩色凝胶制作的配饰镶嵌在指甲根部就完成了。

要点

要点1 通过混合颜色可以享受各种艺术带来的快乐

如果混合各种彩色凝胶，就可以随心所欲地做出各种美甲效果。同样推荐使用 Calgel（卡洁尔）专门用于混合的颜料。

要点2 可以用来制作鲜明、美丽指甲的擦拭技术

颜色不会渗透，因此可以采用擦拭的方法，Calgel 独有的用于法式的擦拭技术，可以做出鲜明的、漂亮的基础底色。

要点3 可以应用于任何造型

由于制作效果拥有柔软性，因此可以拥有各种艺术，3D 造型自不必说，还可用于棱角分明的印花图案。也可用于制作 3D 配饰。

材料

A：可以做出轻薄自然效果的 Calgel 透明凝胶；B：着色效果超群，颜色变换丰富的 Calgel 彩色凝胶（图片中从右往左分别为黄色凝胶、橙色凝胶、绿色凝胶、蓝色凝胶、粉色凝胶、白色凝胶）

健康安全的日本产凝胶
Sunshine Babe
（阳光宝贝）

所有产品都是在日本本土生产的高品质产品"Sunshine Babe（阳光宝贝）"。充满少女情怀的可爱的彩色凝胶，看过一眼，就再也无法移开你的目光。

鲜艳明亮的色彩令人炫目，

复古的 60 年代款式。

1

做好前期准备以后，涂抹凝胶底油 A，硬化。

7

在 6 中画出的纵纹中间，用蓝色画线，硬化。

2

用凝胶 D 做延长甲，硬化后，打磨指甲。

8

混合透明凝胶 A 和闪粉 G，勾勒线条，硬化。

3

依次涂抹平衡剂和 A，硬化。用黑色凝胶 E 画线，硬化。

要点 2

9

涂 C，硬化。涂 B，硬化两分钟（不需要擦拭）。

4

用白色凝胶 E 做出法式，硬化。此工序重复两遍。

10

在调色板上将凝胶 F 延展为圆形，硬化。

要点 3

5

在 3 中做出的黑色线条上用粉色凝胶 E 描绘点点图案，硬化。

11

以白色凝胶 F 为基台，组合步骤 10 中做出的图形，硬化。

6

在法式部分上用粉色凝胶 E 描绘纵纹，硬化。

12

在 11 组合好的图形中央镶嵌莱茵石，镶嵌到步骤 9 中做好的指尖上就完成了。

武本小夜 小姐

在经营美甲沙龙的同时，还担任 GG 公司 Sunshine Babe（阳光宝贝）的教育人员。会定期在东京、大阪以及海外开设学习小组。

要点

要点 1
着色效果鲜明，是非常优秀的彩色凝胶

即使只涂抹一次，也可以拥有完美的着色效果，因此可以轻松地挑战彩绘等比较有难度的造型。新颜色不断推出，颜色非常丰富。

要点 2
光泽度超群，可以在 5~10 秒内硬化的凝胶亮油

Sweet Sunshine（阳光宝贝）的凝胶亮油如果硬化时间达到 2 分钟，则不需要擦拭。着急的时候可以硬化 5~10 秒，然后擦去未完全硬化的凝胶即可，光泽度超群，是非常优秀的产品。

要点 3
可以用凝胶制作的，拥有全新感觉的 3D 造型。

使用乳状凝胶可以轻松地制作出 3D 造型，只要不放在紫外线灯下硬化，就不会固定，可以硬化数次。扩展了应用范围。

材料

A：注重固定性、涂抹起来简单，也可长久保持，让人放心的 Sweet Sunshine 凝胶底油；B：不需要擦拭（硬化 2 分钟），光泽度超群的 Sweet Sunshine Gross 凝胶亮油；C：对指甲无害，用于光疗自然甲的 Sunshine Babe 透明凝胶；D：可以做延长甲的 Sunshine Babe 可卸硬凝胶；E：涂抹起来简单，着色效果超群的 Sweet Sunshine 彩色凝胶（黑色、白色、夏日水彩粉色、夏日水彩蓝色）；F：可以用来制作 3D 效果的 Sunshine Babe 乳状凝胶（白色、黄色、乳状黄色、粉色、水彩粉色）；G：Sunshine Babe 闪粉雕花粉（银色）；H：非常实用的带有 Sunshine Babe logo 的凝胶刷。

※以上均为 GG 公司的商品

Gelish（格丽）

如同指甲油一般，放在瓶子中，使用非常方便的可卸凝胶。可以实现 LED 快速硬化。

简单的法式搭配流线型，
凸显成熟高贵。

上野纱世 小姐
Nails Unique of Japan
董事。日本美甲师协会
认定讲师。曾获得第十
届亚洲美甲庆典专业法
式水晶甲第三名，专业
综合第四名，亚洲杯第
三名。

1

用海绵砂条 E 轻轻打磨自然甲。

7

在 6 的基础上再涂一遍白色凝胶 C，用 E 硬化。

2

涂抹粘结剂 A。

Check Point

8

用细笔取紫色凝胶 C，勾勒线条。

3

涂抹基础凝胶 B，放在 E 在下硬化。

9

与 8 中的线条相连，用紫色凝胶 C 画出花样。

4

涂抹粉色闪粉凝胶 C，放在 E 下硬化。

10

薄薄地涂一层凝胶亮油 D，镶嵌 H，用 E 硬化。

5

再涂一遍粉色闪粉凝胶 C，放在 E 下硬化。

11

用凝胶亮油 D 封层，用 E 硬化。

Check

6

用白色凝胶 C 制作异形法式，用 E 硬化。

12

擦掉未完全硬化的凝胶，用指甲锉调整形状后就完成了。

要点

要点1 **使用方便的瓶装凝胶**

由于是瓶装的凝胶，可以像指甲油一般轻松顺利地涂抹，瓶身上正准备使用可以确认颜色的窗口。

要点2 **生产了人气爆棚的 LED 灯**

如果使用 LED 灯，彩色凝胶硬化需要 20~30 秒，凝胶亮油需要 30 秒，实现了秒速硬化！如果只使用一种彩色，则可以在 20 分钟内完成。

要点3 **制作凝胶艺术时不会渗出，可以轻松描绘**

用凝胶勾勒线条时不会渗出，因此可以进行自由创作。另外，只需要涂抹一次就可以得到漂亮的着色效果，大大地缩短了操作时间。

材料

A：去除自然甲上的油分，平衡 PH 值的 Harmony 粘结剂；B：可以增强密着性的 Gelish 基础凝胶；C：涂抹起来有指甲油感觉的 Gelish 彩色凝胶（浅粉色、丝绸白色、布丁紫色）；D：光泽度卓越的 Gelish 凝胶亮油封层剂；E：可以实现快速硬化的 Harmony LED 灯；F：便于使用的形状，可以快速打磨指甲的 Harmony 海绵砂条；G：可以用来描绘精细艺术的 Harmony 凝胶刷；H：增加艺术光辉的莱茵石和各种配饰

※A~G 均为 Nails Unique of Japan 的商品。

已经成为化妆品的日产可卸凝胶

Jewelry Gel
（珠宝凝胶）

药学、工程学博士小组研究生产的健康、安全的凝胶。已经通过过敏性测试。

1

上推指缘皮以后，用砂条打磨指甲表面。

2

粘贴半甲片，调整形状，打磨指甲。

3

均匀地涂抹凝胶底油 A，硬化。

要点 1

4

将紫色凝胶 C 倾斜地涂抹在指尖处，硬化。

5

再次涂抹紫色凝胶 C，镶嵌粉色与白色点点。

6

用笔尖混合打乱 5 中的点点图案，做出大理石花样，硬化。

要点 2

7

用银色闪粉均匀地勾勒线条，硬化。

8

混合透明凝胶 A 与闪粉 G，描绘线条，硬化。

要点 3

9

充分混合透明凝胶 A 与雕花粉 D。

10

用 9 中做出的凝胶制作压花，硬化。

11

用粉色凝胶为 10 中的花朵染色，硬化。

12

镶嵌 H 和 I，涂抹凝胶亮油，硬化以后就完成了。

大理石底色上，纯白的花朵尽情绽放。

深田绘里 小姐

珠宝凝胶的正式美甲师。日本美甲师协会总部认定讲师。在国内外的比赛中数度荣获冠军及各种奖项，是实力派美甲师。

要点

要点 2 有粘度，操作简单

由于粘度较高，在制作线条艺术时不会渗出，可以做出漂亮的效果。含有闪粉的凝胶也非常引人注目。

要点 1 水彩颜色的着色优势

水彩颜色即使只涂一遍，也可拥有漂亮的效果。如果涂两遍，就可以得到不透明的哑光效果。与肌肤的融合效果也很棒。

要点 3 计划近日发售凝胶用 3D 雕花粉

全新登场的 3D 雕花粉，与喜欢的凝胶混合可以制作出比较好用的 3D 凝胶。无论是压花还是立体效果都可轻松制作。

材料

A：不容易留下笔刷痕迹、固定性良好的 Jewelry 凝胶；B：不易发黄褪色的 Jewelry 凝胶亮油；C：不需要搅拌，有 137 种颜色的备受欢迎的 Jewelry 彩色凝胶（PA105、NP105、NW101、GA701）；D：可以制作 3D 效果的 Jewelry3D 艺术雕花粉（带有刮刀）；E：即使是非常细微的部分也可以打磨到的 各种砂条、指甲锉；F：根据用途制作的各种凝胶笔刷（亮油＆底油用笔刷、彩色凝胶用笔刷、闪粉用笔刷、艺术用笔刷）；G：利用亮片可以体现高贵的感觉的亮片（极光色）；H：可以用来区分艺术名称的金属小颗粒（银色）；I：可以应用于各种饰物（莱茵石）

※A～F为marsdesign的产品

Tammy Taylor
（泰咪·泰勒）

Tammy Taylor（泰咪·泰勒）凝胶，是可以延长指甲长度的可卸软凝胶。

灵活利用透明感觉的法式。

小贴士

Tammy Taylor（泰咪·泰勒）易卸凝胶有了新颜色。"星尘""Pinkalicious""精灵公主"，每一款都散发着女性气息，一定会让您产生购买的欲望。

1 用指甲锉 A 打磨指甲表面和自由边。

7 混合彩色凝胶 G 做出原创粉色。

2 用含有 C 的擦拭纸 B 清洁指甲表面。

8 要点2 用 7 中制作的粉色做出半月形，硬化。

3 涂两遍 D，配戴指托。

9 沿着半月形的外围粘贴蕾丝贴纸 I。

4 用透明凝胶 E 制作自由边，硬化。

10 从上向下薄薄地涂一层透明凝胶 E。

要点1 5 将 4 的过程重复 2~3 遍，做出形状。

要点3 11 用铆钉 F 和金属小颗粒 K 做出双重法式。

6 用指甲锉 A 调整指甲形状。

12 涂 F，硬化。用含有 C 的 B 擦掉未完全硬化的凝胶。

大石幸 小姐

凝胶工厂培训教师。在 2010 年亚洲美甲节中获得专业组综合第三名。日本美甲师协会认定讲师。

要点

要点2 使用了全新制作的彩色凝胶

用于制作半月形的三色凝胶，拥有还未发行的新颜色，是着色效果超群、无需搅拌的商品。

要点1 可用于延长指甲长度的软凝胶

最显著的特征是作为软凝胶，却可以做延长甲。另外、由于其自动平衡机能非常优秀，因此建议用于美甲师考试凝胶审定的环节中。

要点3 务必要体验它的透明感与光泽度

最大程度地发挥了 Tammy Taylor（泰咪·泰勒）透明凝胶透明度的设计。那种仿佛可以透视般的透明感让人无法移开目光。

材料

A：在塑料板上粘贴，卫生方面得到了保证的砂条 180G、Sharp Gel 指甲锉 180G；B：大小适中，使用方便的凝胶擦拭纸（50 张）；C：集消毒、调整 PH 值、擦拭作用为一体的 clean it 清除剂；D：Bond It 凝胶底油，可以调整自然甲的 PH 值，增强密着性；E：可同时充当底油、亮油和增洁剂的可卸透明凝胶；F：透明凝胶中含有 UV 成分，可以有效防止指甲发黄、并可防紫外线的可卸透明凝胶；G：无需搅拌的可卸彩色凝胶（自然白色、纯白色、精灵公主、Pinkalicious）；H：笔尖为椭圆形，涂抹边边角角时非常容易的凝胶刷；I：蕾丝贴纸；J：各种水钻（粉色、透明、极光色）；K：金色铆钉、金属小颗粒

※A~H 均为 Tammy Taylor（泰咪·泰勒）的商品

Bio Sculpture Gel

（自然雕塑凝胶）

该品牌的彩色凝胶，无论混合什么颜色效果都非常出色，
因此可以放心地制作专属自己的颜色。

藤井由纪子 小姐
Takara Belmont 股份
有限公司 Bio Sculpture
Gel（自然雕塑凝胶）
认定培训师。

1

做好前期准备以后，涂 B，
用砂条 A 打磨指甲，指缘皮
周围要用指缘皮挫打磨。

要点2
7

将 6 制作的凝胶倾斜地涂抹
在指甲上，擦掉溢出的凝胶
以后，硬化。

2

配戴指托，按照从 C 到 D 的
顺序制作延长甲，硬化。

8

同样交叉涂一条斜线，擦掉
溢出的凝胶以后，硬化。

3

取下指托，用指甲锉 A 修整
指甲表面与形状。

9

涂抹 F 的古铜色，注意不要
和 7、8 的线条重叠，硬化。

要点1

4

涂 E、混合 F 的黑色与 E，在
自由边上描绘大理石花纹，
硬化。

10

涂 C，放置有一定弧度的 H，
涂 D，硬化。

5

混合 F 的海蓝、鲜红、粉红，
涂抹在甲床上，用 C 晕染 4 中
大理石条纹的分界线。

要点3

11

混合 E 和紫色涂抹在用 J 制
作的形状上，用紫色、深红
色制作花瓣，硬化。

6

取少量 5 中混好的凝胶，与
F 的银色、白色混合。

12

将 11 中制作的几片花瓣重叠
到一起，制作花朵。

要点

要点2

**要画出漂亮线条
一定要进行后续擦拭处理**

画完线条以后，用笔尖蘸取透明凝胶，擦拭侧
边部分就能做出漂亮的线条，这一过程就叫做
后续擦拭处理。

要点1

**大理石花纹
凸显透明感**

黑色当中加入透明色，可以做出非常通透的颜
色。制作大理石花纹的诀窍在于笔尖呈 S 轨迹
描画。

要点3

**可以自由自在地造型，
非常便利的造型粘土**

制作花瓣时，如果将造型粘土经
过隔水蒸煮处理以后，弄成圆形，
然后用牙签做出花瓣图案后，就
可以使操作过程变得非常简单。

材料

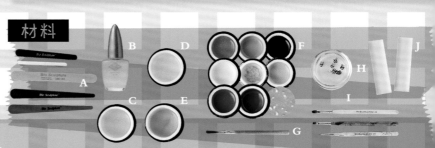

A：使用方便、打磨简单的各种指甲锉，（从上开始）黑色指甲锉、指缘皮挫、双面磨砂条、黑色锥状
指甲锉、蓝色锥状指甲锉；B：涂在凝胶下面会使凝胶更易卸除的底油；C：柔软性突出、与自然甲
的融合性好、可以长久保持的透明凝胶；D：有透明感和强度的硬凝胶。凝胶亮油也可用来做延长甲
的 S 凝胶；E：拥有轻柔光滑的质感，既可用做底油也可用做亮油的封层凝胶；F：拥有丰富的种类、
卸除简单的彩色凝胶；G：混合凝胶时非常方便的钢刮刀；H：厚度只有 0.1mm，使用非常方便，设
计好的配饰（银色）；I：可以根据用途区分使用，让操作过程变得更加顺利简单的凝胶刷（#6椭圆、
#4平笔、#1）；J：造型粘土

※A~I均为takarabelmont的产品。

莹润的光泽与高档的质感

一二体现在指尖

美甲协会 Balance
竹井梨绘 小姐
美甲协会 Balance 涩谷校区首席技术指导。日本美甲师协会总部认定讲师。

融合性强，号称光泽度无法超越
Para Gel
（帕拉凝胶）

无论你是专业人士还是爱好者，操作起来都很简单快速。

要点

要点2 轻透，自动平衡机能发挥得很快，极易操作

就像描绘弧形一样把笔立起引导凝胶的话，就可以做出非常漂亮的最高点。

要点1 不需要打磨，缩短了前期准备的时间

密着性很高的凝胶底油，可以不经过打磨直接涂抹到指甲上，因此也减少了指甲的负担，准备工作也变得更加愉悦。

要点3 颜色的融合度与光泽度都是最优秀的。

Para Gel（帕拉凝胶）凝胶亮油的光泽度可谓是业界的泰斗，让人引以为傲。如同指甲油般清爽的彩色凝胶实现了目前为止从未有过的发光度与融合性。

材料

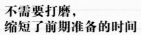

A：可以提高凝胶的密着性，使效果更为突出的 Para Gel 平衡剂；B：密着性强，不需要进行打磨的透明凝胶；C：最适合制作自由边、增厚甲床的 Sculp 凝胶；D：拥有超群的光泽，可以做出厚度的 Artline 凝胶亮油；E：自动平衡机能够强，不易形成斑驳颜色的的 Para Gel 彩色凝胶（白色、自然米色、巧克力色、闪粉金色）；F：各种配饰（水钻、金色铆钉、亮片）；G：专门用于擦拭未完全硬化的凝胶的 Para 清洁剂

※除配饰以外其他的单品都属于nail select的商品

要点1

1. 上推死皮以后，用 A 擦拭指甲表面。

2. 配戴指托，在指甲上薄薄地涂一层 B，硬化。

要点2

3. 用 C 做出自由边，做出厚度，硬化，然后配戴指甲夹。

4. 擦掉未硬化的凝胶，按照从外围边到指甲表面的顺序打磨指甲。

5. 混合 E 的白色与米色，制作出原创颜色。

6. 将 5 中的颜色从承压点开始涂起，将笔立起，自由边部分也要涂抹。

7. 将 5 中制作的颜色从指缘皮线开始向整个指甲涂抹，硬化。

8. 将 5 中制作的凝胶倾斜地涂抹在指甲上，做出花样。硬化。

9. 与 8 相同，用 E 的巧克力色和白色描绘大理石花纹，硬化。

10. 用 E 的金色闪粉描绘外围边缘，并制作渐变效果，硬化。

11. 用透明凝胶 D 做出凹凸形状，并将配饰镶嵌到上面，硬化。

要点3

12. 把彩色凝胶制作的配饰镶嵌到指甲根部就完成了。

067

Rapi Gel
（瑞庇凝胶）

Rapi Gel（瑞庇凝胶）以业内顶尖的着色效果而备受瞩目。一分钟快速硬化和极少的萎缩状况也是它的魅力所在。

要点2

用 C 的平笔涂抹 B 的香蕉雪纺色，硬化一分钟。

用 B 的香槟金色描绘线条，硬化 30 秒。

用 C 的艺术笔涂抹 B 的宝石红色。

均匀地涂抹透明凝胶 A。

用 C 的渐变笔蘸取 A、B 的宝石红色。

将 F 的水钻镶嵌在指甲中心。

笔尖需要蘸取满满的 A 与 B。

将 G 的金属小颗粒和方形铆钉镶嵌到指甲上。

在 2 中线条的中心和两侧，用 4 中制作出的凝胶垂直画出 3 个点。

将 H 的水钻均匀地镶嵌到指甲上，硬化 1 分钟。

要点1

要点3

将笔横握、呈 45 度角做模糊处理，硬化 30 秒。

涂 E，硬化 1 分钟，用 D 擦掉未完全硬化的凝胶。

让我们挑战魅惑的摩洛哥风情、线条渐变设计。

川真田美沙小姐
光辉美甲工作室代表。
Rapi Gel（瑞庇凝胶）培训师。

要点

要点2 即使是非常精细的造型也可以非常轻松地完成

使用什么笔尖是很有学问的，如果要描绘细线就要采用艺术笔，此种笔不易溢出。

要点1 不易形成斑驳的渐变笔

松田老师研制的渐变专用笔，没有笔压效果，所以不易形成斑驳，这是 rapi 独有的渐变制作方法。

要点3 因卓越着色效果而引起关注的彩色凝胶

不易形成色差，即使是浅色也只需要涂抹一遍就可以显现出美丽的效果。从裸色到鲜艳的颜色，色彩非常丰富。

材料

A：固定性、柔软性无可比拟，只需要硬化 1 分钟的超人气 Rapi 透明凝胶底油；**B**：着色性位列第一，可以描绘出美妙艺术的 Rapi 彩色凝胶（香蕉雪纺色、宝石红色、香槟金色）；**C**：可以根据用途区分使用，画出美妙图案的 Rapi 凝胶刷（扁平笔、艺术笔、渐变笔）；**D**：擦拭未硬化凝胶时使用的 Rapi 凝胶清除剂；**E**：拥有无法超越的光辉与持久性特征的 Rapi 超级凝胶亮油；**F**：流行的摩洛哥风情，非常适合用于美甲的 Capri 摩洛哥风锥形球（鲜粉色、绿松石色）；**G**：包围水钻，起到着重强调的作用的金属小颗粒（金色）；**H**：增添艺术光辉的莱茵石（水晶）

※A~F均为nail parter的产品

蓝色幻想

幻想是每个女生的天性

蓝色代表着梦幻和优雅蓝色幻想不仅体现了女性的优雅

同时也休现了智慧

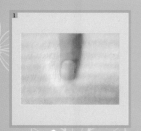
选择手模，并对自然甲刻磨处理

给刻完磨的自然甲涂粘合剂照灯30秒

给涂完粘合剂的自然甲上纸托板

在自然甲前缘部位用透明胶做出薄薄的延长，照灯5秒

在铺好延长的底上面用蓝色的彩胶做出法式边的装饰照灯15秒

用白色的光疗胶在蓝色的法式边上进行装饰、照灯15秒

在图案部位用银色亮片稍加装饰，然后用透明胶在上面薄薄的铺出指甲的形态，照灯2分钟

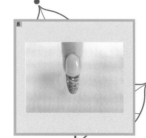
给完成的指甲涂封层胶照灯2分

把手模特的一只手按同样的方式制做面成

完成之后的效果图

完成之后的效果图

完成之后的效果图

完成之后的效果图

周佳红

国家高级美甲师

进巍美甲全科班高级讲师

进巍美甲资深下店督导老师

精通手绘、forck、光疗、雕花

分别在《化妆师杂志》、《时尚美甲》

《美甲视界》、《国际化妆品》

《瑞丽》等杂志发表专业文章和作品

周佳红

教学场景 ——————

学员作品 ——————

核心专业　　美甲零基础开店高级班（包含中级课程）：学期二个月，技术全面，所有课程均为针对零基础学习。学完可达到美甲中、高级水平（适合零基础开店）；报名送美甲产品工具一套。

　　化妆美甲综合班：目前化妆美甲综合班有优惠，这个班学制3个半月，主要学习全部的美甲技术，以及化妆和盘发技术。该班学习的内容更全面更有助于个人创业。

学校地址：陕西西安市东大街端履门十字向南50米东柳巷太和广场720

联系电话：（029）87268227　13319189360

联系QQ：743797448　学校网址：www.jiangyunfei.com

我爱光疗美甲

本章将为大家汇总在美甲先锋杂志中连载的"我爱光疗美甲"的内容。
一举为大家展示 15 个品牌的原创作品。

- Nail For All（人人美甲）
- Christrio（克里斯三重奏）
- ibd（艾碧蒂）
- Ez Flow（易之流）
- Nobility（贵族）
- Rapi Gel（瑞庇凝胶）
- Bella Forma（贝拉福马）
- Melty Gel（梅露蒂凝胶）

- Bio Sculpture Gel（自然雕塑凝胶）
- Calgel（卡洁尔）
- Sunshine Babe（阳光宝贝）
- Presto（乐章）
- Tammy Taylor（泰咪·泰勒）
- CND（瑰婷）
- Para Gel（帕拉凝胶）

操作性极强的透明凝胶

Nail For All
（人人美甲）

既可延长指甲，
同时容易卸除

Nail For All（人人美甲）
培训员
土井惠里

可以制作自然漂亮的延长甲。

特征1
可以延长指甲长度的"可卸增洁剂凝胶"，亮度与粘度较高，由于不易溢出，因此可以制作有一定厚度的延长甲，也可作为凝胶亮油使用。

特征2
可利用丙酮和凝胶去除剂卸除的凝胶亮油。"Final Stagel"可以有效防止因紫外线照射而出现的发黄现象。拥有卓越的着色效果和晶莹剔透的光泽度。

特征3
"Rapture 硬凝胶"拥有适当的粘度，使用起来非常方便。可以长久维持美妙的光泽。这一产品同时可用做凝胶底油、凝胶亮油和延长甲。

推荐单品

Angel（天使）彩色软凝胶（全46色）
Angel（天使）彩色软凝胶着色效果优秀，粘度适中。任何艺术都能如想象般展现出来。另外，彩色凝胶颜色变幻丰富，拥有46种颜色，低廉的价格也让人欢喜。

使用材料

A：大方形纸托；B：可卸增洁剂凝胶；C：rapture 硬凝胶；D：Angel 透明软凝胶；E：Angel 彩色软凝胶（正粉色、纯白色、甜柚色）；F：珍珠银白色、G：圆形亮片（透明色）、形状各异的薄片；H：立方氧化晶体（透明色、粉色）各10粒装；I：Angel Final Stage（以上均为 Nail For All（人人美甲）的产品）

1 配戴纸托 A，用透明凝胶制作底色、硬化。

2 在自由边上涂抹 C，硬化。用 E 的紫色制作渐变效果，硬化。

3 用 E 的白色做厚厚的一层玫瑰底色，硬化。

4 用艺术笔取 E 的粉色，描绘出玫瑰的模样，硬化。

5 按照同样的顺序重复步骤3~4，在指尖制作艺术。

6 在玫瑰上涂抹透明凝胶 D，将 F 分散涂在上面，硬化。

7 在指甲根部涂抹 D 的透明凝胶，镶嵌 G 的亮片，硬化。

8 在整个指甲上均匀地涂抹 D 的透明凝胶，硬化。

9 涂抹 I，硬化。用凝胶清除剂擦掉未完全硬化的凝胶。

10 将凝胶制作的蝴蝶配饰均匀地镶嵌到指甲上就完成了。

在闪烁发光的甲面上，玫瑰花竞相开放。

持久保持自然的感觉是它的魅力所在

特征 1

可以根据用途区分使用的独特透明系凝胶。通过区分使用四种透明凝胶，可以做出如自然甲般的柔软性与透明度。

特征 2

可以通过凝胶去除剂卸除，几乎不需要打磨，将对指甲的伤害降低到最小程度，对指甲非常有益的凝胶。

特征 3

色彩非常丰富，拥有99种彩色凝胶，可以尽情享受各种艺术带来的乐趣。

鲜亮的着色效果和光泽度

Bio Sculpture Gel（自然雕塑凝胶）

宛如自然甲般的柔软与光泽

Bio Sculpture Gel（自然雕塑凝胶）培训员
南波知子小姐

推荐单品

各种设计好的配饰

设计好的配饰

首次实现了业界内0.1mm的厚度，镶嵌到凝胶当中宛如宝石般闪闪发光。

使用材料

A：透明凝胶；B：sculpting凝胶；C：凝胶清洁剂；D：金粉；E：粉色凝胶；F：淡紫色；G：法式白色；H：橘色闪粉；I：创作配饰、J：S凝胶；K：指甲油去除剂（丙酮液）（以上均为takarabelmont的产品）、L：水钻

1 做好前期准备以后，用A、B、J制作延长甲。

6 用G画出倾斜的线条，放在紫外线灯下硬化。

2 调整指甲形状，轻轻打磨指甲表面，用C清除粉尘。

7 用H画出倾斜的线条，放在紫外线灯下硬化。

3 涂D，硬化。此工序要重复一遍再硬化。

8 涂A，将I均匀地镶嵌到指甲上，放在紫外线灯下硬化。

4 用E和A，制作渐变线条，此工序也要重复一遍。

9 涂A、在I的下面均匀地镶嵌L，放在紫外线灯下硬化。

5 在与4中线条呈对角的位置，用F和A制作渐变线条，硬化。此工序重复一遍。

10 完成后在指甲表面均匀涂抹J，然后放在紫外线灯下硬化。最后用K擦去未硬化的凝胶。

透着春天气息的设计款式，凸显女性的高雅。

073

可以维持卓越的透明感与光泽度

Christrio

（克里斯三重奏）

软凝胶与硬凝胶可以组合无限多的造型

Chiristrio（克里斯三重奏）培训员
高羽君枝小姐

不会出现起雾、变黄等现象的美丽透明凝胶。

特征 1

透明凝胶（硬凝胶）可用来作延长甲，也可用做底油和亮油，是全能凝胶。另外其透明感与光泽度也非常好。

特征 2

Express 凝胶使用起来如同丙烯颜料一般，非常方便。可以与多种造型结合。

特征 3

Gelaquer 的彩色凝胶可用在硬凝胶之后，是着色与固定效果出众的软凝胶。拥有 65 种颜色之多，颜色可谓非常丰富。

推荐单品

Ecperss detail 凝胶

如同丙烯颜料一般可以制作精细的艺术，使用起来的感觉非常好，可以组合各种各样的造型。

使用材料

A：纸托；B：透明凝胶；C：Gelaquer
彩色凝胶；D：橙色凝胶；E：绿色凝胶；
F：Ecperss detail 猕猴桃色凝胶；
G：白色；H：POSH ART 星光 SL1；I：闪粉；
J：Sculpture 透明凝胶；K：彩色凝胶

蝴蝶仿佛要飞离指尖，向我们传达着春天的讯息。

1 调整自然甲的形状，做好前期准备。

6 用 C 和 E 画出羽毛的轮廓，放在紫外线灯下硬化。

2 安装 A，用 B 做自由边，硬化 3 分钟。

7 用 F 和 H 描绘线条，镶嵌 I，最后放在紫外线灯下硬化。

3 将延长甲剪到喜欢的长度，并调整甲形。

8 涂 B，放在紫外线灯下硬化 3 分钟。

4 用彩色凝胶 C、D、E、F、G 制作孔雀花纹。

将 J 镶嵌在蝴蝶部分，硬化。目的在于突出蝴蝶的立体感。

做好孔雀花纹以后，放到紫外线灯下进行临时硬化。

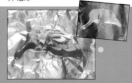

用 J 制作蝴蝶配饰，画出蝴蝶模样，硬化。镶嵌配饰，涂 K，硬化后就完成了。

可以做出 calgel 独有的精细艺术。

特征1

非常轻薄，可以做出自然的感觉。另外由于其柔软性出众，可以做出calgel 独有的精细造型以及 3D 造型。

特征2

可以用溶液轻松卸除，因此对自然甲的负担非常小，可以放心地在家里自行制作。

特征3

拥有卓越的固定性，可以长久保持美丽的效果。另外自然甲与凝胶之间不易积存水分，因此不会浮起，可以放心使用。

推荐单品

凝胶专用 混合雕花粉 collection sprical

可以与 calgel 混合，做出独有的原创颜色。Sprical 系列拥有最好的珍珠感觉，增添指尖的华丽感觉。

Sprical 业务用（MOGA·BROOK）

轻薄柔软的凝胶

可以用溶液轻松去除
Calgel
（卡洁尔）

Calgel（卡洁尔）培训员
诹访阳子

使用材料

A   B   C   D

E   F   G

H

A：贝壳白色（CG43）；B：混合雕花粉（sprical）；C：透明凝胶；D：夏季橘色（CG19）;E:白色（CGCW）;F:水晶粉尘;G:Cal 水晶亮油（以上均为 MOGA·BROOK的产品）；H：各种水钻

1
作为底色将彩色凝胶 A 涂在指甲上，硬化。

2
混合 B 与 C，做出五种珍珠彩色。

3
按法式线涂抹 2 中制作的彩色凝胶，用剩余的颜色做出渐变效果。

4
在渐变色上再涂一遍珍珠彩色，用 D 描绘点点图案，硬化。

5
用大理石笔蘸取彩色凝胶E、描绘线条，硬化。

6
涂 E，用牙签按照牵引的方式画出线条，硬化。

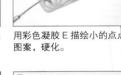
7
用彩色凝胶 E 描绘小的点点图案，硬化。

8
将 F 混入 C 中，做闪粉彩色凝胶。

9
从法式线到指甲根部的位置用 8 中制作的凝胶做模糊处理，硬化。

10
均匀地镶嵌 H，用 C 封层。最后涂 G 就完成了。

烟火透露着酸酸甜甜的初恋感觉。

拥有如玻璃般的亮度与强度

ibd
（艾碧蒂）

兼具强度、耐久性、光泽度的凝胶

Ibd 精英教师
小笠原弥生小姐

专业美甲师也奉为珍宝的、使用方便的凝胶产品

 特征1
可卸凝胶拥有柔软性，操作性强，清透自然。还可以用专门的溶液轻松卸除。

 特征2
硬凝胶拥有如玻璃般理想的光泽度、强度、耐久性等。不仅拥有优良品质，外形也很优美。

 特征3
符合药品标准的健康安全的产品。技术方面也克服了各种可能出现的问题，为顾客提供放心的商品。

 推荐单品

增洁剂凝胶（natural）
最适合增加厚度和制作延长甲。自然的颜色可以应对各种情况以及各种肌肤，即使自然甲状态不佳也可以完全弥补。

增洁剂凝胶（natural）

使用材料

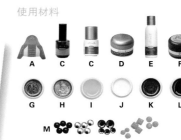

A：纸托；B：脱水剂；C：bonder 凝胶；
D：增洁剂凝胶（自然系）E：清洁剂；F：法式凝胶（透明）；G：咖啡色；H：钛金色；I：金黄色；J：白色；K：褐色；L：午夜黑；M：各种水钻

透露着非洲感觉的美甲款式。

让你感觉到初夏的气息、

1 调整自然甲的形状，做好前期准备。

6 涂 F，用 G、H、I、J、K、L 描绘线条。

2 配戴纸托 A，用 B 消毒。

7 牵引 6 中的线条，做出孔雀花纹。在此要临时硬化一次。

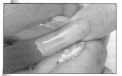

3 涂 C，硬化。用 D 做延长甲，硬化 3 分钟，配戴指甲夹。

8 在指甲根部也按照 6 和 7 的方法做出孔雀花纹。

4 用 E 擦去未完全硬化的凝胶。

9 将 F 均匀地涂在整个指甲上，镶嵌 M，临时硬化。

5 用指甲锉打磨指甲表面，调整形状，扫去粉尘。

完成以后在整个指甲上涂一遍 C，硬化 1 分钟就完成了。

拥有如水晶般的光辉与强度

特征1
可以用来制作3D造型的乳液状凝胶，紫外线灯照射之前不会固定，因此有充裕的时间制作。

特征2
着色性优良的彩色凝胶，拥有鲜艳的色调。另外，操作简单、可以制作很多精细的造型。

特征3
可卸硬凝胶，可以用来延长长度。减少对自然甲的负担、缩短了卸除的时间。

推荐单品

乳液凝胶
是可以制作3D艺术的乳液状凝胶！乳液状的凝胶操作起来非常简单。通过这一产品可以实现松软的压花艺术！

乳液凝胶（全21色）（GG公司）

日本开发、制造的凝胶
SunshineBabe
（阳光宝贝）

可以延长指甲长度的硬凝胶

Sunshine Babe（阳光宝贝）培训员
武本小夜小姐

使用材料

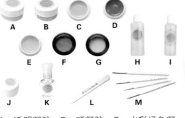

A：透明凝胶；B：硬凝胶；C：水彩绿色凝胶；D：蓝色凝胶；E：黄色凝胶；F：乳液状凝胶CB-12；G：乳液状凝胶CB-7；H：乳液状凝胶清洁剂；I：凝胶清除剂；J：乳液状凝胶；K：营养油；L：海绵砂条；M：凝胶刷（以上均为GG公司的产品）

1 做好前期准备以后，在自然甲上涂两遍A，硬化2分钟。

6 涂两遍C，硬化2分钟以后，用酒精擦拭，涂抹平衡剂。

2 配戴纸托，用B制作自由边。

7 将H注入容器J中，一边洗笔一边用F做出压花。

3 用B为凝胶封层，硬化2分钟以后拿掉纸托。

8 用G做出花心。

4 调整指甲形状，打磨甲面。用酒精擦拭，涂抹平衡剂。

9 混合D和E，描绘样式。

5 涂抹凝胶A，硬化2分钟。

10 在花朵配饰以外的地方涂抹B，硬化，用I擦去未完全硬化的凝胶就完成了。

时尚流行、古色古香的美甲款式。

着色与操作性非常优秀的凝胶

Ez Flow
（易之流）

着色良好，也可用来制作原创颜色

Nails unique of Japan 培训员
穗刈美保小姐

超群的着色效果与操作性

特征 1
最大的特征是颜色均匀，不易褪色。由于是非常柔软的凝胶，操作性强，易于涂抹。另外，因硬化而产生的收缩的情况较少。

特征 2
色彩丰富。另外，彩色凝胶之间可以混合搭配，因此可以做出几百种独特的颜色。

特征 3
可卸凝胶对自然甲的负担较小，可以涂抹出非常自然的感觉。其最大的特点是可以长久保持不易脱落。可以享受凝胶独有的光泽和亮度。

推荐单品

Ez Flow（易之流）彩色凝胶
颜色均匀，只要涂一点就可以了！有粘度、适用于制作各种款式，可以享受各种造型带来的乐趣。另外，着色效果也非常优秀。

Ez Flow（易之流）
彩色凝胶
（全 48 色）Nails unique of Japan

使用材料

A B C D E F

G H I J K L

A：axxium 可卸凝胶底油；B：axxium 阿尔卑斯雪山；C：口红色 Ez Flow 彩色凝胶；D：红色 Ez Flow 彩色凝胶；E：爱情红 Ez Flow 彩色凝胶；F：OPI 粘结剂；G：银色闪粉；H：粉色亮片；I：OPI axxium 可卸凝胶封层剂、J：OPI axxium 指甲油去除剂；K：Ez Flow FOX Shark（指甲锉）；L：Ez Flow 紫外线灯

带着复古的流行样式，出发去逛街吧！

1

调整指甲的形状，打磨指甲表面，涂 F。

2

涂一遍凝胶底油 A，硬化 1 分钟。

3

用彩色凝胶 B 作反法式，硬化 2 分钟。

4

再涂一遍 B，硬化 2 分钟。

5

用彩色凝胶 C 描绘花瓣。

6

用彩色凝胶 D 描绘花瓣。

7

用彩色凝胶 E 描绘花瓣。

8

在花瓣上再涂一遍颜色，在花瓣的中心位置镶嵌 H。

9

混合 A 和 G，在法式线上勾勒线条。

10

涂一遍 I，硬化 3 分钟，用 J 擦去未完全硬化的凝胶，完成。

大幅缩短硬化时间，将来要占据主流的凝胶

特征1

基本硬化需要5秒钟，最终硬化只需要20秒的极限速度。大幅缩短了等待硬化的时间，使20分钟内完成操作的事情变为可能。

特征2

不是用紫外线照射硬化，而是通过可视光线的LED灯照射硬化，这是其最大特征。另外，LED的寿命属于半永久性，省去了更换灯管的繁琐过程。

特征3

48种颜色不易形成斑驳，着色效果超群。由于彩色凝胶的颜料及珍珠不易沉淀，因此不需要搅拌。

推荐单品

凝胶刷

柔韧的毛质，使用起来非常方便。有3种笔头，可以根据用途区分使用。

业界内首款免紫外线灯的凝胶

Presto（乐章）

基本硬化5秒、最终硬化20秒

Flawless Nail 培训员
野尻早苗

使用材料

A：丙烯凝胶；B：急速彩色凝胶（76·78·4）；C：急速透明凝胶、凝胶亮油（以上为nail labo的产品）；D：蕾丝贴纸；E：黑刺李色（APN60、APN80）（好运时尚款）；F：prunelle（APN55）（好运时尚款）

1 用丙烯做底色。涂抹凝胶A，硬化。

2 在整个指甲上均匀涂抹B的76号粉色闪粉凝胶，硬化。

3 在指尖涂抹B的78号粉色凝胶，制作渐变效果，硬化。

4 再涂一遍B的78号粉色凝胶，制作渐变效果，硬化。

5 用B的4号白色凝胶描绘双重曲线法式，硬化。

6 再涂一遍B的4号白色凝胶，硬化。

7 粘贴D的蕾丝贴纸，用乙烯树脂抽取空气，使贴纸与指甲严丝无缝地贴和在一起。

8 在双重法式的部分薄薄地涂一层透明凝胶C，镶嵌E的闪粉和亮片，硬化。

9 在双重法式的部分薄薄地涂一层透明凝胶C，将心形的亮片F镶嵌到指甲上，硬化。

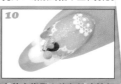
10 在整个指甲上均匀地涂抹凝胶亮油C，硬化20秒后就完成了。

柔和的双重法式，搭配心形配饰，展现无与伦比的可爱。

可以延长指甲的可卸凝胶

Nobility
（贵族）

如同硬凝胶一般可以延长指甲的可卸凝胶

美甲师
和久井里香

 特徵 1
可以用专用的溶液轻松卸除，拥有一定的硬度，因此可以用来延长指甲。其透明感也是绝对超群的。

 特徵 2
有适度的粘性，操作起来非常简单，当然也可卸。拥有符合光疗美甲的恰到好处的彩色。

 特徵 3
轻轻打磨凝胶表面，用蘸有专门卸除剂的棉花覆盖在凝胶上，保持7~10分钟，这是轻松卸除凝胶的秘诀所在。

推荐单品

Nobility（贵族）透明可卸凝胶

透明凝胶
可以用来延长指甲长度，同时又可卸的透明凝胶。光泽程度也毫不亚于硬凝胶。

使用材料

A **B**

C **D**

A：Nobility 透明可卸凝胶标准套装；B：Nobility 彩色凝胶（12、24、25、26）（以上均为luners的产品）；C：莱茵石；D：凝胶亮油（luners）

心形与蕾丝的可爱主题，紧紧抓住他的心。

1
做好前期准备以后，配戴纸托。在纸托与指甲的边界处涂抹A的透明凝胶，硬化。

6
混合B的24号和26号凝胶，制作波浪花纹，硬化。

2
在甲床到自由边的位置涂抹透明凝胶A，硬化3分钟。

7
用B的26号凝胶制作波浪花纹，与步骤6中的波浪花纹交叉，硬化。

3
取下纸托，用指甲锉调整外形，扫除粉尘。

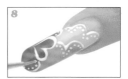
8
用B的12号凝胶制作蕾丝与心形花纹，硬化。

4
将B的25号凝胶涂抹在整个指甲上，硬化。此工序重复两遍。

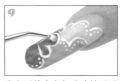
9
在心形的中心部分涂抹透明凝胶A，将C的水钻镶嵌到上面，硬化。

5
用B的24号凝胶制作波浪花纹，硬化。此工序重复两遍。

10
在整个指甲上均匀地涂抹凝胶亮油D，硬化90秒。

光泽度超群并且可用来延长指甲

特征1

可以持续保持凝胶特有的光泽度，用紫外线灯硬化，可以用专门的溶液轻松卸除。

特征2

拥有一定强度，可以用来制作光疗延长甲的半硬质凝胶，如果配合Tammy的纸托一起使用，将会得到更加漂亮的延长甲。

特征3

如果是涂抹纯色凝胶，则不需要涂抹凝胶底油。打磨指甲时也只需轻轻打磨，因此将对自然甲的损害控制在了最小限度。

推荐单品

Tammy Taylor（泰咪·泰勒）可卸凝胶 透明色 1/4

Tammy Taylor（泰咪·泰勒）可卸凝胶

拥有适当的硬度，操作起来非常简单，即使是需要一定厚度的延长甲也可以轻松地做出漂亮的形状。

可以延长指甲长度的可卸凝胶
Tammy Taylor
（泰咪·泰勒）

光疗延长甲拓展造型范围

美甲工厂培训员
木村洋子

使用材料

A：纸托 compe 正方形；B：bond it 凝胶；C：可卸凝胶（鲜粉色、纯白色、红色、半透明黄色、深褐色）；D：清洁剂；E：sharp it gel 指甲锉；F：带刷子的胶水；G：凝胶刷（以上均为 Marina Del Rey 的产品）；H：闪粉；I：蕾丝贴纸、J：亮片（极光色）；K：莱茵石

1 打磨好指甲以后，配戴指托 A，涂 B。

6 混合 C 的白色与黄色，做出法式边，硬化。

2 将闪粉 H 加入 C 的粉色中，制作自由边，硬化。

7 在 6 的法式边上，涂抹 C 的红色和褐色，制作孔雀花纹，硬化。

3 在甲床和最高点增加厚度，硬化。

8 均匀地粘两张蕾丝贴纸 I。

4 取下纸托，配戴指甲夹。用 D 擦去未硬化的凝胶。

9 将 J 的极光色亮片随意地镶嵌到指甲上。

5 用 E 的指甲锉和砂条调整整个指甲的形状。

10 镶嵌水钻 K。涂 C，硬化。用 D 擦去未硬化的凝胶就完成了。

蕾丝与孔雀花纹给人成熟可爱的印象。

Rapi Gel
（瑞庇凝胶）

着色与光泽度好，全部硬化时间只需 1 分钟

Rapi 凝胶培训师
佐藤桂小姐

着色良好、光泽出众的最强凝胶

 特征1

即使只涂一遍，也拥有出色效果的彩色凝胶，操作性卓越，可以应对凝胶及自然地渐变效果等各种造型。

特征2

透明凝胶底油，彩色凝胶，超级凝胶亮油，所有这些都只需要硬化 1 分钟。相反，如果硬化时间超过 90 秒就会使光泽度减半，因此需要注意。

 特征3

Rapi 凝胶的超级凝胶亮油实现了从未有过的光泽度。这种光泽度只要试过一次就会迷上。

推荐单品

Rapi 凝胶 彩色凝胶（乳白色）

Rapi 凝胶彩色凝胶之乳白色

Rapi 凝胶的乳白色凝胶着色效果优良，由于其不会渗出的特点，非常适合用于法式美甲及喷绘造型。

使用材料

A B

C D

A：Rapi 凝胶（透明凝胶、超级凝胶亮油）；
B：Rapi 凝胶之彩色凝胶；C：亮片凝胶，极光色系（以上均为 nail parter 的产品）；
D：prunelle 凝胶艺术珠光色（APN001、APN003）

柔和可爱的水彩造型，提升可爱度。

1

涂抹一层透明凝胶作为底色 A，硬化。

6

混合 B 的银色和红色，描绘出心形图案，硬化。

2

用 B 的白色凝胶制作反法式，硬化。

7

用 B 的银色在法式线上描绘蕾丝图案，硬化。

3

将 B 的粉色、黄色、蓝色、红色、紫色薄薄地涂在步骤 2 之上，硬化。

8

用 B 的银色描绘心形的蕾丝图案，硬化。

4

在步骤 3 之上进一步再涂一遍粉色、黄色、蓝色、红色、紫色，硬化。

9

将透明凝胶底油 A 涂抹在指甲上，然后涂抹亮片凝胶 C，硬化。

5

在法式部分涂抹凝胶底油 A，镶嵌 D，硬化。

10

在整个指甲上均匀地涂抹 A 的超级凝胶亮油，硬化以后就完成了。

不仅操作起来简单，光泽度也是无可挑剔。

特征 1

由于凝胶亮油是指甲油类型，涂抹起来简单方便。可以轻松地完成，效果也是美妙无比。

特征 2

即使薄薄地涂一层，也拥有一定的硬度，做出的效果清透自然，当然也不会缺少硬凝胶特有的光泽感。

特征 3

在紫外线灯下照射硬化以后，可以长久保持美丽的透明感，在此之上还能覆盖强化，起到保护指甲的作用。

CND
（瑰婷）

清透感与惊人的硬度非常可贵

美甲师
山下理美

推荐单品

CND（瑰婷）BrisaGloss

完成艺术设计以后需要涂抹的凝胶亮油。操作时感觉就在涂抹指甲油，可以轻松地获得光泽感。

使用材料

A：透明性能的纸托；B：Brisa 粘结剂；C：Brisa 凝胶（透明色、纯粉色、纯哑光白色）；D：Brisa 彩色凝胶（正红色、哑光橘色、哑光黄色、哑光绿色、哑光蓝色、哑光紫色）；E：Brisa 闪光凝胶（深蓝色、浅蓝色闪光凝胶）；F：Brisa 凝胶亮油；G：凝胶配饰（安放使用的点点配饰）；H：六角形亮片（极光色）；I：圆形亮片（中 / 小 / 极光色）；J：Brisa 指甲锉、boomerang 抛光条；K：凝胶配饰（半球形、星星配饰）；L：定制混合凝胶

1 做好前期准备以后，配戴纸托 A，涂抹 B。

6 将 C 涂在整个指甲上，将手工制作的点点配饰 G、H 和 I 分别镶嵌到指甲上，硬化。

2 作为底色涂抹 C 的透明凝胶，硬化。

7 用 C 做出厚度，硬化以后，擦掉未完全硬化的部分。

3 在甲床上用色调相仿的 L 遮盖黄线，硬化。

8 用 J 的 boomerang 抛光条和 Brisa 指甲锉调整指甲形状。

4 用 C 的透明凝胶做出长度，硬化。

9 用 F 封层、硬化以后擦去未硬化的部分。

5 在整个指甲上涂抹 E 的深蓝色，硬化。

10 将 K 的半球形配饰和星星配饰用 C 的透明凝胶固定到指甲上就完成了。

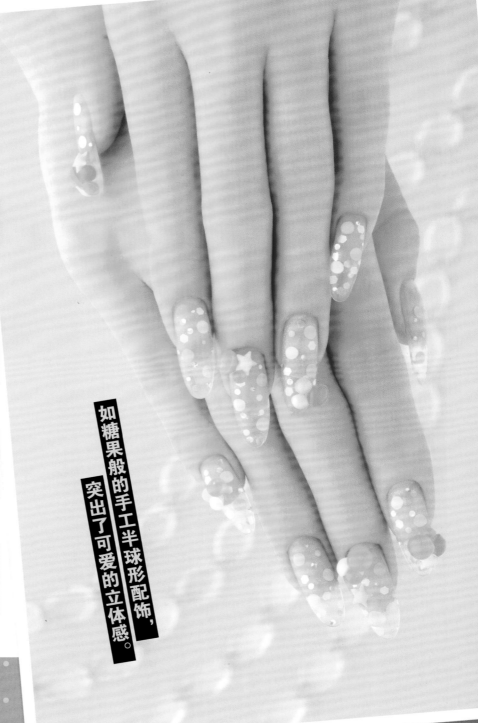

如糖果般的手工半球形配饰，突出了可爱的立体感。

拥有制胜的透明感

Bella Forma

（贝拉福马）

发挥了奇迹溶液的功效，使美甲操作变得简单

美甲师
横谷梓织

收获生动美甲

特征 1
最大的特点是拥有如玻璃般的透明度和水晶般的光泽度。不会出现变黄的现象，可持续保持透明感觉，保持美丽效果。

特征 2
被称为奇迹液体。由于其奇迹般的不会出现未硬化凝胶的特性，使法式、渐变、孔雀花纹等美甲造型都变得极为简单。

特征 3
有三种用途，可用作底油、亮油和制作延长甲。另外，凝胶层的透气性特别好，使卸除凝胶的时间缩短了 1/3。

推荐单品
水晶透明凝胶
涂薄一点会得到柔韧有弹性的效果，涂厚一点会得到如水晶般的硬度，是可以自由控制的凝胶。做延长甲的效果非常好，最重要的是不会出现横向溢出的现象。

使用材料

A：Bella Forma 透明凝胶；B：Bella Forma 彩色凝胶（粉色）；C：Bella Forma 彩色凝胶（白色）；D：Bella Forma 彩色凝胶（甜蜜樱桃红）；E：Bella Forma 彩色凝胶（葡萄紫、绿色、瓷蓝色、恶魔红）

在点点上绘制玫瑰图案，是全新的高雅美甲。

1 做好前期准备后，配戴纸托。

6 利用奇迹液体的功效，用 C 描绘点点图案，硬化。

2 用透明凝胶 A 掩盖自然甲与纸托指尖的坡度，制作自由边，硬化。

7 在点点图案的中心，用 D 制作渐变效果，硬化。

3 利用自动平衡机能加厚最高点，硬化。

8 用 E 的四种颜色做出玫瑰花样，硬化。

4 取下纸托，用指甲锉调整指甲形状，并扫掉粉尘。

9 完成以后涂抹透明凝胶 A，硬化。

5 在整个指甲上涂抹 B 的粉色，硬化。

10 将未硬化的奇迹液体擦拭干净就完成了。

着色效果良好，可以长久保持最初的颜色

特征 1
不需要打磨或涂抹平衡剂，只要进行最基础的前期准备（上推指缘皮、消毒）即可，大幅缩短了操作时间。

特征 2
凝胶底油可以提高密着度、凝胶亮油拥有无与伦比的光泽度。只需涂抹少量的凝胶即可实现了LED灯照射30秒硬化的可能。

特征 3
彩色凝胶使用高级颜料，实现了前所未有的优秀的着色效果。另外，由于不容易变色，因此可以长久保持双眼所见的漂亮效果。

推荐单品

Para Gel（帕拉凝胶）彩色凝胶 白色
特别强调的白色凝胶，颜色没有暗沉，绝对是毫无瑕疵的白色。涂抹起来如同指甲油一般方便简单。自动平衡机能发挥快，操作起来非常轻松。

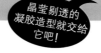
极佳的光泽度与着色效果

Para Gel
（帕拉凝胶）

晶莹剔透的凝胶造型就交给它吧！

美甲师
竹井梨绘

使用材料

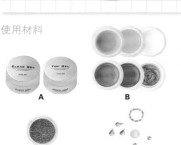

A：透明凝胶、凝胶亮油；B：Para Gel 彩色凝胶（米色、粉色、黄色、白色、珊瑚粉色、橙色、金色闪粉）（以上均为 nail select 的产品）；C：金色闪粉；D：各种配饰（泪状丙烯水钻、白色蛋白石水钻、旋转型圆环、金色铆钉）

1 混合出金色闪粉凝胶以外的 B 的彩色凝胶。

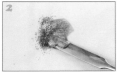
6 使用艺术笔用 2 中制作的凝胶在指甲根部做出法式效果，硬化。

2 混合 B 的金色闪粉凝胶和 C 的金色闪粉。

7 用艺术笔蘸取闪粉凝胶在指尖处做出法式效果，硬化。

3 薄薄地涂一层 A 的透明凝胶，硬化。涂抹 1 中制作的凝胶，硬化。

8 用 A 填平闪粉的凹凸不平，硬化。

4 混合 A 的透明凝胶与 B 的白色凝胶。

9 将 D 的旋转型圆环调整为符合指甲弧度的形状。

5 用艺术笔蘸取 4 中做出的凝胶，做出大理石花纹，硬化。

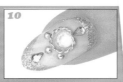
10 薄薄地涂一层 A 的凝胶亮油，镶嵌 D 的配饰，硬化以后就完成了。

无可名状的热辣感，成熟的珠宝美甲。

085

小巧实惠 & 可以简单卸除的

Melty Gel

（梅露蒂凝胶）

使用白色凝胶可获得非常可爱的颜色。

Beauty Salon Azure
培训师
高仓佑佳

对初学者来讲操作也很简单的小巧实惠的凝胶

特微1
如果将白色凝胶与彩色凝胶混合，就可以轻松地得到水彩颜色，纯白的着色效果最适合制作法式美甲。

特微2
凝胶亮油的光泽度超凡脱俗。指甲油类型多，使用起来异常方便，价格也非常合理！光疗美甲审定考试中的必备品。

特微3
可以做出2~3mm的长度，通过专门的溶液轻松卸除的半硬质透明凝胶。可以用来增强较薄、较脆的指甲。

推荐单品
彩色硬凝胶 白色
拥有适当强度的可卸白色凝胶，可以做出优美的法式美甲。另外，还可以与彩色凝胶混合，做出可爱的水彩颜色。

使用材料

A：Melty Gel 透明凝胶；B：彩色硬凝胶（白色）；
C：彩色凝胶（蓝色、黄色、葡萄紫、绿色）；
D：水彩彩色凝胶（水彩玫瑰粉色、水彩紫色）；
E：彩色凝胶；F：闪粉；G：硬凝胶；H：施华洛世奇水钻（S、M、L）各含24个；I：凝胶亮油

演绎成熟可爱。

五光十色的水彩法式

1
打磨指甲以后，安装半甲片，用指甲锉打磨掉段坡。

6
用笔轻轻混合 5 中涂抹的颜色，做出大理石花纹，硬化。

2
涂抹打底油和平衡剂。涂抹透明凝胶 A，硬化。

7
混合 A 与 F 的闪粉，勾勒法式边，硬化。

3
混合 B 的白色和 C 的蓝色，制作浅蓝色凝胶。

8
用 B 的白色凝胶描绘心形图案，硬化。

4
用 3 中制作的凝胶做出法式效果，硬化。此工序重复两遍。

9
混合 A 和 F，勾勒心形的外围，硬化。在整个指甲上均匀地涂抹 G，硬化。

5
将 B 的白色、C 的蓝色和 E 的薄荷 shine 分别涂在法式边上。

10
镶嵌 H 的水钻，涂抹 I 的凝胶亮油，硬化以后就完成了。

程丽娜

程丽娜

国家认证高级美甲设计师
国家高级认证高级店务管理师
国家劳动部认证美甲技术管理讲师
2007年中国国际美甲大赛优秀奖
2007年中国国际美甲大赛情景彩绘甲纪念奖
2011年国际美甲大赛法式水晶甲优秀奖
进巍美甲3D雕艺设计高级讲师
进巍美甲下店资深督导老师
精通水晶甲、光疗甲、3D雕艺设计、手绘

紫域梅花

程丽娜老师作品

整体的作品风格大胆，前卫突出
以渐变的颜色来凸显梅花的傲骨

骄阳下的野菊

蒋云飞美甲学校　光疗甲作品

金黄的野菊花
盛开在高高的山坡上
迎着秋风
吐出幽香
在骄阳下静静歌唱
没有羸弱
意气昂扬
花蕊中似有一只眼
钻石般纯净、灵动
仰望着天空
凝视着世界……

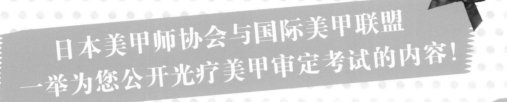

日本美甲师协会与国际美甲联盟
一举为您公开光疗美甲审定考试的内容！

光疗美甲审定考试指南

如果想要进一步钻研光疗美甲，就一定要参加光疗美甲审定考试！
彻底掌握日本美甲师协会与国际美甲联盟的考试实用技术。我们
的目标是掌握光疗美甲！

NPO 日本美甲师协会
JNA

第二课题
（60分）

左手五根手指……涂抹红色指甲油
右手五根手指……涂抹红色凝胶
右手中指……光疗造型（孔雀花纹）

初级考试

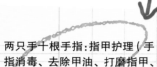

事前审查

事前审查主要确认模特的指甲状态，以及桌面工具的准备状况（包括光疗美甲的材料）

两只手十根手指：指甲护理（手指消毒、去除甲油、打磨指甲、涂抹营养油）

第一课题
（35分）

涂抹彩色指甲油

认真涂抹红色指甲油
操作人员对模特的手指进行消毒，在左手的五根手指上涂抹底油，涂两遍红色指甲油（不可以用珠光色、金属色），涂亮油。这样整个涂抹指甲油的工序就完成了。

涂抹凝胶底油

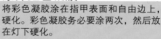

均匀地涂抹凝胶底油
打磨右手指甲表面，扫掉粉尘。使用平衡剂去除水分和油分。将凝胶底油均匀地涂抹到甲床和自由边上，硬化。

※ 要根据灯的亮度、形状和材质特性计算硬化时间

去除甲油

用卸甲油去除甲油
操作人员对模特的手指进行消毒以后，用棉花蘸取卸甲油，一根手指一根手指认真擦拭。

※ 喷雾式的消毒剂不能直接喷在指甲上，一定要用棉花或纱布蘸取以后使用

涂抹红色凝胶
将彩色凝胶涂在指甲表面和自由边上，硬化。彩色凝胶务必要涂两次，然后放在灯下硬化。

※ 务必要使用指定产品的彩色凝胶

彩色凝胶

打磨指甲与涂抹营养油

光疗造型

制作孔雀花纹
在右手中指的底油上制作光疗造型。混合彩色凝胶时一定要用刮刀搅拌。制作孔雀花纹并硬化，这里可以使用含闪粉的凝胶。

打磨指甲、涂抹营养油
使用指甲锉将指甲打磨为椭圆形。在碗中加入热水，浸泡手指以软化指缘皮。上推死皮以后，使用指甲钳剪去死皮和倒刺。

※ 如果自由边较长，要统一修剪为5mm以下，使十根手指长度统一

在整个指甲上涂抹凝胶亮油
将凝胶亮油涂抹在指甲表面和自由边上，硬化。用蘸取了凝胶清除剂的擦拭纸擦去未完全硬化的凝胶。

凝胶亮油

中间休息（5分钟）
整理收拾第一课题的内容，做好第二课题的准备，在休息期间不能触碰模特的手。

虽然第一课题与第二课题连在一起进行，但第一课题主要是为了确认指甲护理技术的掌握情况，并不是作为第二课题的前期准备而进行。
使用技术考试当中使用的商品（凝胶底油、彩色凝胶、凝胶亮油）要从指定产品中选择。

高级考试

第一课题
（55分）

两只手十根手指：指甲护理与上色

对指甲进行护理（手指消毒、打磨、涂抹营养油），在十根手指上涂抹底油、红色指甲油和亮油。

第一课题
实用技术审查（40分）

中间休息（30分钟）

卸除指甲油，恢复为洁净的状态。如果模特的指甲很长，也可以用指甲钳剪短。

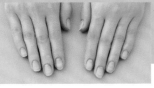

卸除第一课题中涂抹的红色指甲油以后的状态。

做好第二课题的前期准备。

右手食指、中指……光疗透明延长甲

右手无名指……光疗半甲片＋设计

左手中指……光疗半甲片

左手无名指……光疗半甲片＋法式

第二课题
（85分）

手指消毒

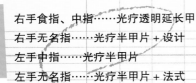

用消毒剂为手指消毒

技术人员为模特进行手指消毒。用含消毒剂的棉花仔细擦拭手背、手掌，手指间、指尖等部位。

光疗半甲片
（右手无名指、左手中指、左手无名指）

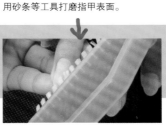

打磨指甲
用砂条等工具打磨指甲表面。

涂抹凝胶底油
将凝胶底油（透明色）涂抹到半甲片上。

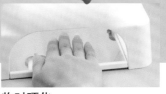

去除粉尘
用刷子轻轻地扫去粉尘。

临时硬化
临时硬化1~2分钟，带着半甲片需要硬化2~3遍。

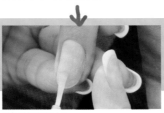

涂抹平衡剂
为了更好的粘贴半甲片，首先需要去除指甲表面的水分和油分。

完成
光疗半甲片就完成了。

安装半甲片
在三根手指上安装半甲片。

制作最高点
使手指朝下，利用凝胶的自动平衡机能做出最高点，放在灯下硬化。

裁剪半甲片
用指甲剪或指甲钳将半甲片裁剪成适当的长度（长度规定为10mm左右）。

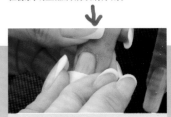

用擦拭纸蘸取清除剂
在擦拭纸上蘸满凝胶清除剂。

用指甲锉打磨段坡
将指甲放在连接处，打磨指甲，使段坡变得自然。

擦去未硬化的凝胶
硬化完凝胶亮油以后，仔细地擦去未完全硬化的凝胶。

变得非常平整的段坡
即使从侧面看也不会有凹凸不平，非常平整漂亮，扫去粉尘。

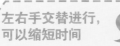

左右手交替进行，可以缩短时间

要点！

在硬化右手的间隙可以为左手制作最高点，如此左右手交互进行会提高效率。半甲片的颜色采用自然色或透明色。允许事先买好半甲片。最高点要根据指甲长度和形状设计。

涂抹凝胶底油
轻轻地为指甲抛光，涂抹凝胶底油，硬化。

描绘微笑线
用刷子描绘法式线，进行临时硬化。

涂抹彩色底色
涂抹作为基础底色的彩色凝胶，临时硬化。

描绘点点图案
用褐色凝胶描绘点点图案，硬化。

涂抹彩色凝胶
涂抹接近肤色的自然色凝胶，硬化。

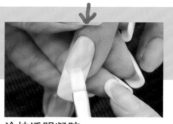

涂抹透明凝胶
涂抹透明凝胶，完全硬化。用凝胶清除剂擦去未完全硬化的凝胶。

描绘花瓣
用白色凝胶均匀地画出花瓣样式，临时硬化。

涂抹凝胶亮油
涂抹凝胶亮油，完全硬化。最后用凝胶清除剂擦去未完全硬化的凝胶。

涂抹白色凝胶
在自由边上涂抹白色凝胶，做好法式的底色。

延长甲长度的平衡非常重要 要点！

左右两只手延长甲的长度要均衡。让我们做出三根长度相同的延长甲。

描绘花心
用绿色凝胶在花瓣的中心部位描绘花心，临时硬化。

2010年6月考试的主题是"花" 要点！

要在考虑底色和花朵位置的基础上设计花朵。光疗美甲规定，只可采用彩笔进行设计，禁止采用压花技术或者凝胶3D技术。

样品展示

※每次的主题都不相同

光疗延长甲
（右手食指、左手中指）

制作自由边
将凝胶底油（透明凝胶）涂抹到甲床上，做出长度。

擦拭未硬化的凝胶
涂抹凝胶亮油，硬化。用凝胶清除剂擦掉未完全硬化的凝胶。

完成

确认整体的长度、形状、最高点、C字弧度。

C字弧度

完全硬化
完全硬化，谨慎地取下纸托。

调整形状
完成以后可以用指甲锉调整形状。

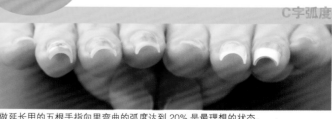

做延长甲的五根手指向里弯曲的弧度达到20%是最理想的状态。

调整长度
用指甲钳等工具剪掉前端多余的长度。

需要注意右手三根指甲的长度要保持均衡

要对指定的手指进行操作，千万不能搞错，否则会失去资格。另外，还要注意左右手的指甲长度要保持一致（左手三根手指，右手两根手指）

最高点
光疗半甲片与光疗延长甲的弧度要保持一致。

I-NAIL-A

培训教师
大江身京

桌面准备

消毒液
（3 种）

操作区　清洁区

放大

根据指定的要点，配置器具与毛巾。桌面准备要以卫生、洁净、易于操作为出发点。

关于桌面准备的扣分事项
- 在桌面上铺上纯白色毛巾，在利手侧放垃圾袋（带拉链的塑料袋）
- 在毛巾上分出操作区和清洁区（放置使用中的器具），分别放上白色纸巾
- 器具与材料统一放到一个托盘中，放在利手一侧（直接放到桌面上是不对的）
- 消毒液要放到托盘中规定的位置（托盘中除消毒液以外，其他工具不指定位置）
- 不指定紫外线灯的位置
- 用纯白色毛巾覆盖垫枕
- 用紫外线灯代替垫枕使用时，要在模特的手腕处垫白毛巾
- 放有纸巾的带拉链的塑料袋要放在托盘中，或者放在反侧

3 级考试

桌面准备（10 分）

前期准备（15 分）

手指消毒

用消毒液给手指消毒
先给自己手指消毒，然后给模特手指消毒。

打磨甲面

打磨自然甲
用适合凝胶的指甲锉等工具打磨指甲。

扫除粉尘

扫掉粉尘
用擦拭纸认真擦拭指甲表面、里侧。扫掉粉尘

平衡剂

给指甲消毒
用指甲消毒液给指甲消毒。

应用（45 分）

右手五根手指：透明凝胶
左手五根手指：彩色凝胶

凝胶底油

涂抹凝胶底油
均匀地涂抹凝胶底油，放在灯下硬化。

彩色凝胶

涂抹红色凝胶
涂抹红色凝胶，硬化。此工序重复两遍。

凝胶亮油

涂抹凝胶亮油
均匀地涂抹凝胶亮油，放在灯下硬化。

未硬化的凝胶

擦去未硬化的凝胶
用擦拭纸蘸取凝胶清除剂，擦去未硬化的凝胶。

完成

左手：彩色凝胶

右手：透明凝胶

没有凹凸不平，非常平整的指甲。注意边缘部分都要涂抹到。

要点！

凝胶涂抹过厚是不对的
凝胶涂抹过厚是导致甲面凹凸不平的原因。此外还要注意指缘皮周围和侧边是否会发生萎缩现象。
❌

前端积存凝胶也不行
如果凝胶涂抹过厚或者频繁触碰，都会导致指甲前端积存凝胶。注意蘸取凝胶的量要适中。

❌

2 级考试

桌面准备（10分）

↓

前期准备（10分）

↓

应用 1（20分） 不指定手指：两根

↓

粘贴半甲片

用胶水粘贴半甲片
打磨指甲，扫除粉尘。指甲消毒以后，找出吻合自然甲形状的半甲片，用胶水粘贴。

↓

打磨抛光

用指甲锉磨平段坡
用指甲锉磨平半甲片与自然甲之间的段坡，用消毒液对指甲进行消毒。

↓

Sculpture凝胶

涂抹 sculpture 凝胶
涂抹 sculpture 凝胶，放在灯下硬化。

↓

未硬化凝胶

擦去未硬化的凝胶
用擦拭纸蘸取凝胶清除剂，擦去未完全硬化的凝胶。

↓

完成

最后做出的指甲表面要光滑，不能出现凹凸不平或段坡。另外，自由边的长度要在 3mm 到 5mm 之间。

↓

应用 2（45分） 两只手：十根手指

↓

打磨抛光

打磨指甲
用适合凝胶的指甲锉打磨指甲。

↓

凝胶底油

涂抹凝胶底油
均匀地涂抹凝胶底油，放在灯下硬化。

↓

彩色凝胶

涂抹珍珠白色
涂抹珍珠白色凝胶，硬化。此工序重复两遍。

↓

凝胶亮油

涂抹凝胶亮油
涂抹凝胶亮油，硬化。擦去未完全硬化的凝胶。

↓

完成

使用审定考试中规定的珍珠白色凝胶，要注意不能出现刷子的痕迹。

要点！

要认真磨去段坡
如果不认真磨去半甲片的段坡，会很容易出现凹凸不平。打磨指甲时注意不要伤到自然甲。

○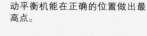

注意最高点的位置
最高点的位置太靠后！要利用自动平衡机能在正确的位置做出最高点。

✕

珍珠白色凝胶不能出现斑驳
珍珠白色凝胶很容易留下刷子的痕迹。操作时要用笔尖诱导。力道过大也是造成斑驳的原因。

✕

不可以在指尖积存凝胶
如果凝胶的蘸取量过多，会积存到自由边的里侧。涂抹时要蘸取适量的凝胶，操作时手部动作需要麻利。

✕

桌面准备（10 分）

↓

前期准备（10 分）

↓

应用 1
（20 分）

不指定手指：两根

↓

纸托

配戴纸托
打磨指甲，扫除粉尘、指甲消毒这一系列的操作结束以后，配戴纸托。

↓

Sculpture凝胶

涂抹 sculpture 凝胶
将 sculpture 凝胶涂在甲床和承压点上，硬化。

自由边

制作自由边
制作自由边，硬化。擦去未硬化的凝胶。

↓

完成

最后做出的指甲表面要光滑，不能出现凹凸不平或段坡。另外，自由边的长度要在 3mm 到 5mm 之间。

↓

应用 2
（60 分）

两只手：十根手指

打磨抛光

打磨指甲
用适合凝胶的指甲锉打磨指甲。

↓

凝胶底油

涂抹凝胶底油
均匀地涂抹凝胶底油，放在灯下硬化。

↓

彩色凝胶

涂抹粉色凝胶
均匀地涂抹粉色凝胶，用笔擦掉法式部分，硬化。

法式

描绘法式
用白色凝胶描绘法式，硬化。粉色与白色凝胶都需要涂抹两遍。

↓

凝胶亮油

涂抹凝胶亮油
均匀地涂抹凝胶亮油，放在灯下硬化。擦去未完全硬化的凝胶。

↓

完成

描绘法式线时，手部操作要利落，以防法式线变模糊。

要点！

弧度要均匀
完成后的指甲弧度自不必说，弧度左右的厚度也是需要重点检查的项目。

需要注意承压点
将承压点覆盖住是最理想的状态。要注意侧边不能发生震动。

✕

✕

※要按照凝胶品牌的使用顺序使用

TITLE：［I LOVE ジェルネイル］

BY：［ブティック社］

Copyright © BOUTIQUE-SHA, Inc. 2010

Original Japanese language edition published by BOUTIQUE-SHA .

All rights reserved. No part of this book may be reproduced in any form without the written permission of the publisher. Chinese translation rights arranged with BOUTIQUE-SHA.,Tokyo through NIPPON SHUPPAN HANBAI INC.

图书在版编目（CIP）数据

闪闪惹人爱：超人气光疗美甲／日本靓丽出版社编著；王剑娇译. —沈阳：辽宁科学技术出版社，2013.6

ISBN 978-7-5381-7840-1

Ⅰ.①闪…　Ⅱ.①日…②王…　Ⅲ.①光疗法－应用－指（趾）甲－化妆
Ⅳ.①TS974.1

中国版本图书馆CIP数据核字（2013）第010064号

策划制作：北京书锦缘咨询有限公司（www.booklink.com.cn）
总 策 划：陈　庆
策 　 划：邵嘉瑜
设计制作：王　青

出版发行：辽宁科学技术出版社
　　　　　（地址：沈阳市和平区十一纬路 29 号　邮编：110003）
印 刷 者：北京瑞禾彩色印刷有限公司
经 销 者：各地新华书店
幅面尺寸：210mm×285mm
印　　张：6
字　　数：100千字
出版时间：2013年6月第1版
印刷时间：2013年6月第1次印刷
责任编辑：卢山秀　谨　严
责任校对：合　力

书　　号：ISBN 978-7-5381-7840-1
定　　价：35.00元

联系电话：024-23284376
邮购热线：024-23284502
E-mail: lnkjc@126.com
http://www.lnkj.com.cn
本书网址：www.lnkj.cn/uri.sh/7840